JN232780

システム制御工学シリーズ　15

状態推定の理論

工学博士　内田　健康　共著
工学博士　山中　一雄

コロナ社

システム制御工学シリーズ編集委員会

編集委員長　池田　雅夫（大阪大学・工学博士）
編 集 委 員　足立　修一（宇都宮大学・工学博士）
（五十音順）　　梶原　宏之（九州大学・工学博士）
　　　　　　　　杉江　俊治（京都大学・工学博士）
　　　　　　　　藤田　政之（金沢大学・工学博士）

（所属は編集当時のものによる）

刊行のことば

わが国において，制御工学が学問として形を現してから，50年近くが経過した．その間，産業界でその有用性が証明されるとともに，学界においてはつねに新たな理論の開発がなされてきた．その意味で，すでに成熟期に入っているとともに，まだ発展期でもある．

これまで，制御工学は，すべての製造業において，製品の精度の改善や高性能化，製造プロセスにおける生産性の向上などのために大きな貢献をしてきた．また，航空機，自動車，列車，船舶などの高速化と安全性の向上および省エネルギーのためにも不可欠であった．最近は，高層ビルや巨大橋梁の建設にも大きな役割を果たしている．将来は，地球温暖化の防止や有害物質の排出規制などの環境問題の解決にも，制御工学はなくてはならないものになるであろう．今後，制御工学は工学のより多くの分野に，いっそう浸透していくと予想される．

このような時代背景から，制御工学はその専門の技術者だけでなく，専門を問わず多くの技術者が習得すべき学問・技術へと広がりつつある．制御工学，特にその中心をなすシステム制御理論は難解であるという声をよく耳にするが，制御工学が広まるためには，非専門のひとにとっても理解しやすく書かれた教科書が必要である．この考えに基づき企画されたのが，本「システム制御工学シリーズ」である．

本シリーズは，レベル0（第1巻），レベル1（第2〜7巻），レベル2（第8巻以降）の三つのレベルで構成されている．読者対象としては，大学の場合，レベル0は1，2年生程度，レベル1は2，3年生程度，レベル2は制御工学を専門の一つとする学科では3年生から大学院生，制御工学を主要な専門としない学科では4年生から大学院生を想定している．レベル0は，特別な予備知識なしに，制御工学とはなにかが理解できることを意図している．レベル1は，少

し数学的予備知識を必要とし，システム制御理論の基礎の習熟を意図している。レベル2は少し高度な制御理論や各種の制御対象に応じた制御法を述べるもので，専門書的色彩も含んでいるが，平易な説明に努めている。

　1990年代におけるコンピュータ環境の大きな変化，すなわちハードウェアの高速化とソフトウェアの使いやすさは，制御工学の世界にも大きな影響を与えた。だれもが容易に高度な理論を実際に用いることができるようになった。そして，数学の解析的な側面が強かったシステム制御理論が，最近は数値計算を強く意識するようになり，性格を変えつつある。本シリーズは，そのような傾向も反映するように，現在，第一線で活躍されており，今後も発展が期待される方々に執筆を依頼した。その方々の新しい感性で書かれた教科書が制御工学へのニーズに応え，制御工学のよりいっそうの社会的貢献に寄与できれば，幸いである。

　1998年12月

編集委員長　池　田　雅　夫

まえがき

　人間はさまざまなシステムを相手に意思決定を行う。システム制御も一つの意思決定である。意思決定を行う際重要となるのは，対象となるシステムについての知識である。そのシステムがどのように作られ，どのような法則に従って動いているかはもちろんであるが，それを知ったうえでさらに重要なことは，そのシステムが現在どのような状態にあるかを知ることである。元来，システムの状態を把握するのに十分な情報を指して，「状態」という述語が限定的に使われるのであるが，現実のシステムにおいてその状態を完全に知ることができるのはむしろ稀である。そのような場合，入手できるデータに基づいて状態を推定し，それを状態と見なすことは無理のない方策である。この本は，不確かさを含む一般的なシステムに対して，その状態を推定するための基礎理論への入門書である。

　本書が対象とするのは，有限次元ベクトルを従属変数とする線形常微分方程式で表されるシステムである。そして，その不確かさは初期状態と加法的な入力項にのみあるとする。ここまで限定しても，不確かさをどのように取り扱うかによってまた議論の仕方が分かれる。入力についていえば，ここでは，それを部分的に既知の属性を持った未知の時間関数と見る方法と，確率過程と見る方法の2通りを考える。どちらの道をとるかによってその後の展開が大きく異なるので，1章であらかじめ総括を行ったうえで，2～4章と5～7章に分けて論じた。いずれも対象とするシステムを相当に限定したうえでの一般論であり，理論の一般性を確保することより，理論の全体像の理解が容易となるような記述を心がけた。実際の応用においては，応用の可否を判断するために理論の体系的な把握が重要であると考えたからである。

　2～4章の内容は，確定論的な状態推定理論である。中心となるのは，ある時刻（初期時刻）から先の入力が既知の場合に漸近的に正しい状態推定を実現するオブザーバの理論と，エネルギーの上界のみが既知の未知入力のもとで一

定の推定精度を保証する H^∞ フィルタの理論である。システム論的な理解を深める助けとなることを期して，制御問題との関連や，状態推定問題の別解釈などについても論じている。

　5～7章の内容は，線形確率システムの状態推定理論である。目標は，よく知られたカルマンとビュシイのフィルタであるが，その基礎となる線形確率システムの理論についても詳述した。また，制御問題において状態推定が持つ意味を端的に示す「分離定理」についても言及した。ところで，確率論を基礎とするシステム論は初学者にとって手ごわいものとなりがちである。この点に配慮して，ここでは一つの試みを行った。それは，必要な予備知識の最小化である。すなわち，確率変数に対していったん2次積率の概念を導入したのちは，2次積率の議論に徹することにした。これによって，確率という概念すら陽に意識することなしに，2次積率から導かれる距離とそれに基づく収束概念だけで話を組み立てることができた。ただし，このような試みが成功したかどうかについては，読者の判断を待たなければならない。

　記号や表記法は，できるだけ多くの書物や文献に共通する習慣に従った。人名については，日本人のものを除いてはすべてかたかな表記とし，複数の表記法が可能な場合は，著者らの周辺で最もよく見かけるものを採用した。また，数学者リヤプノフの名を冠した方程式に微分方程式と代数方程式があるが，どちらを指すかが文脈から明らかな場合は，あえて区別せず「リヤプノフ方程式」とした。「リカッチ方程式」についても同様である。全体にわたって共通に必要な基礎的事項は，参照しやすいように付録にまとめた。

　本書が計画されてから出版に漕ぎつけるまでに思いのほか長い時間を費やしてしまった。この間，原稿に目を通し適切なご意見をくださった編集委員長　池田雅夫先生ならびに編集委員　足立修一先生に感謝の意を表したい。また，コロナ社の方々にはさまざまな面でお世話になった。あわせて感謝申しあげる。

2004 年 4 月

　　　　　　　　　　　　　　　　　　　　　　　　　　内　田　健　康
　　　　　　　　　　　　　　　　　　　　　　　　　　山　中　一　雄

目　　次

1. 状態と状態推定

1.1　状　　　態 ·· *1*
1.2　確定システムと確率システム ··· *3*
1.3　状 態 推 定 問 題 ··· *6*

2. 確定システムの数理モデルと状態推定

2.1　状態推定問題の定式化 ·· *11*
2.2　出力の有限時間観測データに基づく状態推定 ···································· *13*
2.3　出力の微分値に基づく状態推定 ·· *15*
演 習 問 題 ·· *18*

3. オブザーバ

3.1　同一次元オブザーバ ·· *19*
3.2　最小次元オブザーバ ·· *23*
3.3　未知入力オブザーバ ·· *27*
3.4　オブザーバと状態フィードバック制御 ·· *30*
演 習 問 題 ·· *35*

4. H^∞ フィルタ

4.1 H^∞ 状態推定問題 ·· 36
4.2 H^∞ フィルタ ·· 38
4.3 H^∞ フィルタと最小エネルギー問題 ···················· 41
4.4 H^∞ フィルタのロバスト性 ·································· 45
演 習 問 題 ·· 51

5. 2次確率変数と線形推定

5.1 2 次 確 率 変 数 ·· 52
5.2 内積空間と直交射影の定理 ······································ 55
5.3 2次確率変数列の収束 ·· 57
5.4 線 形 推 定 問 題 ·· 59
5.5 不 偏 推 定 ·· 65
演 習 問 題 ·· 67

6. 確率システムの数理モデル

6.1 2 次 確 率 過 程 ·· 68
6.2 2次確率過程の微積分 ·· 71
6.3 線形システムの数理モデル ······································ 76
6.4 白色雑音と線形システム ·· 81
6.5 周波数領域における特性表現 ··································· 94
演 習 問 題 ·· 98

7. カルマンフィルタ

7.1 問題の定式化 …………………………………… *100*
7.2 最適性の条件 …………………………………… *103*
7.3 最適フィルタの導出 …………………………… *104*
7.4 状態予測問題 …………………………………… *112*
7.5 定常フィルタリング特性 ……………………… *114*
7.6 確率的LQ制御問題と分離定理 ……………… *119*
7.7 二つの例題 ……………………………………… *125*
7.8 白色でない観測雑音に対するフィルタリング特性 …… *128*
演習問題 ……………………………………………… *130*

付　　　　録 …………………………………………… *132*

A. 状態遷移行列（関数） ………………………… *132*
B. 時不変システムの状態遷移行列と安定問題 … *133*
C. 線形システムの可観測性 ……………………… *134*
D. 線形システムの可制御性 ……………………… *136*
E. リカッチ方程式（微分方程式） ……………… *137*
F. リカッチ方程式（代数方程式） ……………… *139*
G. $A-GC$ の固有値配置問題と可観測性 ……… *141*
H. 確率変数と期待値 ……………………………… *142*
　H.1 確率空間 …………………………………… *142*
　H.2 確率変数 …………………………………… *144*
　H.3 期待値 ……………………………………… *147*

引用・参考文献 ……………………………………… *150*
演習問題の解答 ……………………………………… *152*
あ と が き …………………………………………… *162*
索　　　引 …………………………………………… *163*

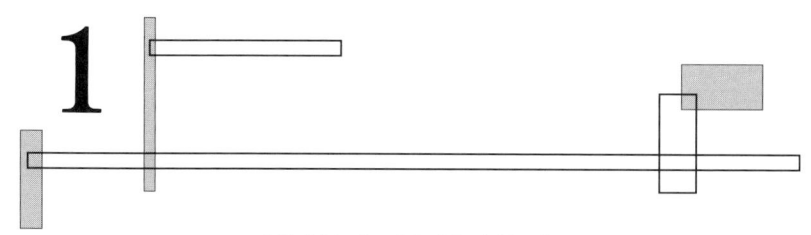

1 状態と状態推定

　状態と状態推定は，本書を通してのキーワードである。質量とばね，そしてダンパからなる簡単なシステムを例として，状態推定の対象となるシステムの状態という概念，そして状態推定という課題を概観する。状態推定の対象となるシステムには確定システムと確率システムという二通りの捉え方があり，状態推定の考え方も異なる。確定システムと確率システムの数理モデルの違いに触れながら，本書で取り上げる状態推定問題について述べる。

1.1 状　　　　態

　本書の主題である**状態推定**（state estimation）における**状態**（state）とはなにか，本節の目的はこの問いに一つの例を通して答えることである。

　図 1.1 に示す**システム**（system）を考えよう。このシステムは，質量 M が，ばね定数 K のばねによって支えられ，さらに振動を抑制するためのダンパが付いている。ダンパによる反力は速度に比例し，その係数は D である。外力を f とし，変位を z とすると，力の平衡式は

$$M\frac{d^2z(t)}{dt^2} + D\frac{dz(t)}{dt} + Kz(t) = f(t) \tag{1.1}$$

となる。このような質量-ばね-ダンパ系としてモデル化できる実例は多いが，例えば自動車のサスペンションを思い浮かべることができる。

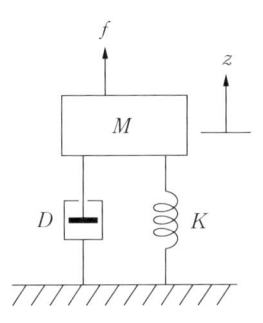

図 1.1 質量-ばね-ダンパ系

さて，このシステムの運動に注目しよう．まず外力が 0 である場合を考える．このとき，運動が始まる時刻を $t = t_0$ とすると，変位の初期値 $z(t_0) = z_0$ と速度の初期値 $\dot{z}(t_0) = \dot{z}_0$ を与えることによって，システムの運動はただ一つに確定する．このことは経験的にもわかっていることであるが，数理モデル (1.1) が 2 階の微分方程式であり，二つのパラメータの値を指定すれば解が一意的に定まるという数学的事実を根拠にすることもできる．いずれにしろ，$t = t_0$ における変数の値の組 $(z(t_0), \dot{z}(t_0)) = (z_0, \dot{z}_0)$ は，それ以後 $(t > t_0)$ におけるシステムの運動を完全に定めるパラメータの値の組であり，$t = t_0$ における状態と呼ばれる．また変数の組 $(z, \dot{z})$ を単に状態，あるいは状態ベクトルという．逆に，変位の値および速度の値の一方が欠けても以後の運動は一意的に定まらず，両方が与えられて初めて確定する．2 階の微分方程式 (1.1) の解が一意的に定まるためには二つのパラメータの値が指定されなければならないわけである．変位と速度の両方の値が与えられている場合，それ以外の変数の値，例えば加速度の値は冗長な情報である．以上の議論をまとめて，「状態はシステムの未来の振舞いを決定する必要かつ十分な情報である」といってもよい．

外力が 0 でない場合は，$t = t_0$ における状態 $(z(t_0), \dot{z}(t_0))$ に加えて，外力の未来値 $f(t)$，$t \geq t_0$ が与えられれば，$t > t_0$ における運動が一意的に確定する．したがって，外力の有無にかかわらず，システムの未来の挙動を確定するうえでの状態の持つ意味には変わりがない．なお外力 f は，自動車のサスペンションの例であれば，道路の凹凸による外乱であるかもしれないし，振動を抑制するための操作入力であるかもしれない．以下では，必要がない限りこの

ような外力を区別せず，単に**入力**（input）という。

これまで述べてきたように，状態はシステムの未来の振舞いに関する情報を凝縮したものである。しかしながら，現実のシステムにおいては，状態が直接観測できる場合は多くない。自動車のサスペンションの例でいうならば，変位 z は測定できるが，速度 $\dot{z}$ を測定することは困難である。一般には，状態の一部分が誤差を伴って観測できると考えるのが現実的であろう。以下では，このような観測値を，**出力**（output）という。

システムの状態を明確に示すためには，数理モデル(1.1)をつぎのような等価な形に書き直しておくほうが便利である。まず新しい変数
$$v(t) := \frac{dz(t)}{dt}$$
を定義すると，$dv/dt = d^2z/dt^2$ であるから，dv/dt は式(1.1)から
$$\frac{dv(t)}{dt} = -\frac{D}{M}v(t) - \frac{K}{M}z(t) + \frac{1}{M}f(t)$$
となる。これらの二つの式をあわせて，2階の微分方程式(1.1)はつぎのような1階のベクトル型微分方程式に変換される。
$$\frac{d}{dt}\begin{bmatrix} z(t) \\ v(t) \end{bmatrix} = \begin{bmatrix} 0 & 1 \\ -\frac{K}{M} & -\frac{D}{M} \end{bmatrix}\begin{bmatrix} z(t) \\ v(t) \end{bmatrix} + \begin{bmatrix} 0 \\ \frac{1}{M} \end{bmatrix} f(t) \tag{1.2}$$
この形では状態 $(z, \dot{z})$ が未知変数 (z, v) として陽に現れており，システムの状態の変化を表すには，このほうが便利である。本書では，線形システムの表現として最初から式(1.2)の形を用い，これを状態方程式表現という。また，状態 (z, v) は状態ベクトル $[z \ v]^T$ として扱う。記号 $[\ ]^T$ は行列あるいはベクトル $[\ ]$ の転置を表す。

1.2 確定システムと確率システム

本書では，状態推定の対象となるシステムとして，式(1.2)を一般化した1階のベクトル型微分方程式で表されるつぎのような**線形システム**（linear system) を考える．

$$\frac{dx(t)}{dt} = Ax(t) + Bu(t), \quad x(t_0) = x_0 \tag{1.3}$$

ここで，入力 u は r 次元実ベクトル，状態 x および初期状態 x_0 はともに n 次元実ベクトルである．また，状態に関する情報を含む出力は，状態の線形変換に入力が加わったつぎの式で与えられる．

$$y(t) = Cx(t) + v(t) \tag{1.4}$$

出力 y と入力 v はともに m 次元実ベクトルである．A，B および C は実定数行列であり，それぞれ，$n \times n$ 次元，$n \times r$ 次元および $m \times n$ 次元の行列である．なお，この線形システムの表現において，微分方程式(1.3)を**状態方程式**（state equation），代数方程式(1.4)を**出力方程式**（output equation）と呼ぶ．また，出力方程式(1.4)は**観測システム**（obeservation system）とも呼ばれる．線形システム(1.3)および(1.4)は，2〜4章では**確定システム**（deterministic system）として，5〜7章では**確率システム**（stochastic system）として扱われる．

確定システムの場合は，初期状態 x_0 は確定した実ベクトルであり，入力 $u(t)$ および $v(t)$，$t \geq t_0$ はそれぞれベクトル値の確定した時間関数である．ただし，時間関数としての入力 $u(t)$ および $v(t)$ はまったく任意というわけではなく，ある程度の制限が必要である．そこで本書では，確定システムにおいては，入力 $u(t)$ および $v(t)$（の各成分）はそれぞれ区分的に連続な時間関数と仮定する．システムの状態 x は微分方程式(1.3)の唯一解である．初期状態 x_0 と入力 $u(t)$，$t \geq t_0$ を与えると，状態 x はつぎのように表現できる．

$$x(t) = \Phi_A(t - t_0)x_0 + \int_{t_0}^{t} \Phi_A(t - \tau)Bu(\tau)d\tau \tag{1.5}$$

ここで Φ_A は，A から導かれる**状態遷移行列**（state transition matrix）であり，つぎの行列型微分方程式の唯一解である．

$$\frac{d\Phi_A(t)}{dt} = A\Phi_A(t), \quad \Phi_A(0) = I \tag{1.6}$$

式(1.5)が微分方程式(1.3)の解の表現であることは直接代入して確かめること

ができる(付録AおよびB参照).解の唯一性は微分方程式(1.3)の線形性から示される.ここで,微分方程式(1.6)においてAは一定値行列であり,状態遷移行列$\varPhi_A$は$\varPhi_A(t)=e^{At}$と表現できる.また,Aが**安定行列**(stable matrix),すなわちすべての**固有値**(eigenvalue)の実部が負であれば,適当な正数α,βが見つかって,不等式$\|\varPhi_A(t)\|\leqq\beta e^{-\alpha t}$が成立する(付録B参照).ただし,$\alpha$は$-\alpha$が$A$の固有値の最大の実部より大となる正数であり,$\|\cdot\|$は行列ノルム(例えば最大特異値)を表す.

　確率システムは,不規則な初期状態と不規則に変動する入力を持つシステムの数理モデルである.線形システム(1.3)および(1.4)を確率システムとして考える場合には,初期状態x_0はベクトル値の確率変数であり,入力$u(t)$および$v(t)$,$t\geqq t_0$はそれぞれベクトル値の確率過程である.ただし,確率システムとしての取扱いを数学的(確率論的)に意味のあるものにするためには,確率変数としての初期状態x_0と確率過程としての入力uおよびvにある程度の制限が必要である.詳しい議論は5～7章でおこなうが,本書では2次確率過程の枠組みを設定し,その枠組みの中で確率システムを扱う.すなわち,確率システム(1.3)および(1.4)において,初期状態x_0は2次確率変数,入力uおよびvはそれぞれ2次確率過程と仮定する.このとき,微分方程式(1.3)の意味も確定システムの場合とは異なり,式(1.3)の左辺は2乗平均微分を表し,等号は両辺を2乗平均の意味において同一視することを示す.確率システムの状態xおよび出力yは,このような意味で状態方程式(1.3)および出力方程式(1.4)を満たす唯一解であり,やはり2次確率過程となる.また,確率システムの場合にも式(1.5)を微分方程式(1.3)の唯一解の表現として用いることができるが,この表現の右辺の積分記号は2乗平均積分として解釈する必要がある(6.3節参照).2次確率過程の枠組みは,不規則な初期状態と不規則に変動する入力を持つ線形システムの数理モデルに対する枠組みとしては,自然なものでありかつ十分に広いものである.

　現実のシステムでは,しばしば,現時点における値と十分近いつぎの時点の値が相関を持たない不規則な変動をする入力を考えることが必要になる.先に

述べた自動車のサスペンションの例では，激しい凹凸のある道路を走行中に路面から受ける抗力を思い浮かべればよい．また，計測時の計測器に加わる雑音は，一般にこのような不規則な変動をする入力として捉えることができる．現実のシステムにおいて現れるこのような不規則な変動を極限まで理想化したモデルが白色雑音である．白色雑音は，各時点における値とつぎの瞬間の値が無相関という意味で最も高い不規則性を表現する確率過程であり，確率システムの数理モデルを考えるうえでは欠くことのできない確率過程である．しかしながら白色雑音は，同じ時点における値の相関（分散）が有限ではなく，2次確率過程としては架空の存在である．6章では，白色雑音を入力として持つ線形確率システム(1.3)および(1.4)に数学的（確率論的）に正当な意味を与え，その応答である状態 x および出力 y が2次確率過程として定義できることを示す．ここでの議論は，状態推定の問題に限らず線形確率システムとしてのモデル化が必要となる場合において，最も典型的な数理モデルを導入する際の基礎となるものである．

1.3 状態推定問題

　状態はシステムの未来の挙動を確定するために決定的な役割を果たすことを述べた．しかしながら状態が直接観測できることはまれであり，状態を知るためには，多くの場合，観測できるデータから推定しなければならない．

　状態推定問題を述べる前に，システムに関する変数，あるいは時間関数に対して用いる用語「未知」，「既知」，そして「不確か」（あるいは「不確定」）の意味を明確にしておこう．変数や時間関数が未知であるとは，変数や時間関数について，それらの値域の次元（ベクトルや行列の成分の個数）および定義域以外はまったく情報がないことを意味する．一方，変数や時間関数が既知であるとは，確定している変数や時間関数について，すべての情報が与えられていることを意味する．不確かな変数や不確かな時間関数とは，確定システムにおいては，それらの値域やエネルギーの上界などの部分的な情報が与えられた未

知の変数や未知の時間関数を意味し，確率システムにおいては，確率論的な性質が与えられた変数（確率変数）や時間関数（確率過程）を意味する．

状態推定問題はつぎのように述べられる．まず，確定システムと確率システムのいずれの場合にも，状態推定の対象となる線形システム(1.3)および(1.4)のパラメータ行列 A，B および C は既知と仮定する．このとき状態推定問題とは，「線形システム(1.3)および(1.4)において，初期時刻 t_0 から時刻 t までの出力の観測データ $y(\tau)$，$t_0 \leqq \tau \leqq t$ に基づいて，時刻 t の状態 $x(t)$ を推定すること」である．初期状態 x_0 と入力 u，v については，つぎのように分類して考える．これを図示したのが**図1.2**である．なお，$x(t)$ の**推定値**（estimate）を $\hat{x}(t)$ と表す．

（Ⅰ）　初期状態 x_0：既知，　　入力 u：既知，　　入力 v：既知
（Ⅱ）　初期状態 x_0：既知，　　入力 u：未知，　　入力 v：既知
（Ⅲ）　初期状態 x_0：未知，　　入力 u：既知，　　入力 v：既知
（Ⅳ）　初期状態 x_0：未知，　　入力 u：未知，　　入力 v：既知
（Ⅴ）　初期状態 x_0：不確か，　入力 u：不確か，　入力 v：不確か

ここで，観測システム(1.4)の入力 v が未知の場合は，出力 y から状態 x に関する情報を引き出すことが不可能であるから，入力 v が未知の場合は除いている．

確定システムにおける状態推定問題としては，本書では，（Ⅲ），（Ⅳ）および（Ⅴ）の場合を扱う．（Ⅰ）および（Ⅱ）の場合は，3章で示すように，既知の初期状態を**状態推定器**（state estimator）の初期条件にとることにより，それぞれ（Ⅲ）および（Ⅳ）の場合の特別な場合として扱うことができる．（Ⅲ）および（Ⅳ）の場合について，2章で有限時間（$t < \infty$）での状態推定を，3章で無限時間（$t \to \infty$）での漸近的な状態推定（**オブザーバ**（observer）の理論）を議論する．いずれの場合においても，**推定誤差**（estimation error）が0となるような，すなわち正確な状態推定が検討される．（Ⅴ）の場合については4章で議論する．そこでは，有界なエネルギーを持つ初期状態と入力という形で不確かさを捉え，推定誤差のエネルギーを分子に不確かな初期状態と入力のエネルギー

8　　1. 状態と状態推定

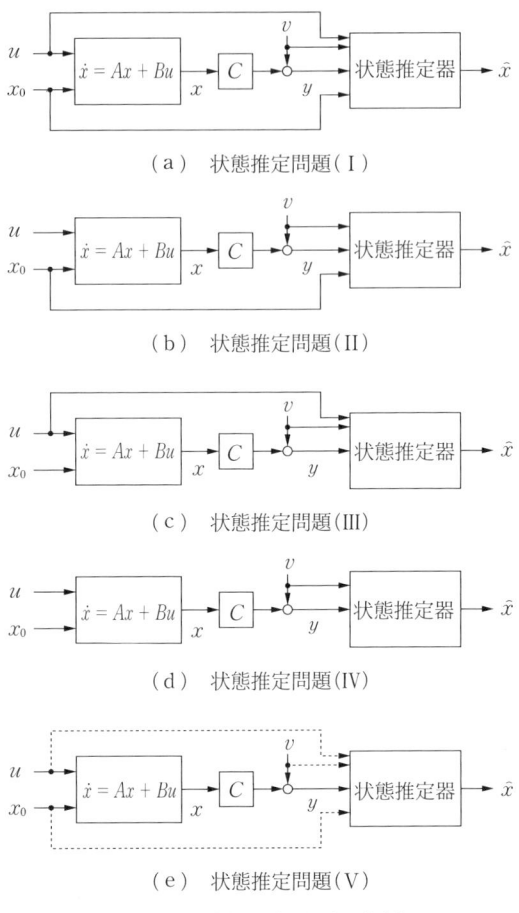

(a)　状態推定問題(I)

(b)　状態推定問題(II)

(c)　状態推定問題(III)

(d)　状態推定問題(IV)

(e)　状態推定問題(V)

図1.2　状態推定問題の分類

の和を分母とする比が指定した値以下になる状態推定（**H^∞フィルタ**（H^∞ filter）の理論）が検討される。

　確率システムの推定問題で扱うのは(V)の場合のみである。先に述べたように確率システムに対しては2次確率過程の枠組みを設定する。7章では，2乗確率過程の枠組みの中で，推定誤差の2乗平均値（推定誤差分散）を最小にする状態推定（カルマンとビュシイのフィルタ理論）が検討される。

　本書では，状態推定の対象として状態方程式(1.3)および出力方程式(1.4)で

表される連続時間システム（連続時間数理モデル）に絞って，状態推定問題を議論する．**連続時間システム**（continuous-time system）は，確率システムにおける白色雑音の扱いなどの厄介な問題も含むが，状態推定の理論を展開するうえでは，理論展開の理解しやすさや記述の簡潔さなどの点で優れている．本書では触れない**離散時間システム**（discrete-time system）を対象とした状態推定の理論については，以下に文献をあげておく．確定システムに対するオブザーバに関しては岩井ら（1988）[9]†，H^∞ フィルタに関しては片山（2000）[11]，さらに藤田ら（1995）[5]，確率システムに対するカルマンフィルタに関してはオストローム（1975）[2]，ブライソンとホー（1975）[3]，有本（1977）[1]，そして片山（2000）[11]を参照していただきたい．

コーヒーブレイク

状態推定論と日常会話

　与えられたシステムの状態推定機構には，そのシステムの状態モデルが見える形で組み込まれている．といったらいい過ぎだが，少なくとも本書で紹介されている H^∞ フィルタやカルマンフィルタではそうなっている．なぜそのようになるかについては，H^∞ フィルタとカルマンフィルタとですこし事情が異なる．カルマンフィルタの場合は，不規則信号の推定・予測問題の解がたまたまそのような形で得られたのであって，はじめから形が限定されていたわけではない．念のため，そのような形とは状態モデルをイノベーション過程（修正入力）で駆動するという形のことである．あえて必然性を求めるなら，カルマンとビュシイによってそのような形に解かれる宿命にあったとでもいえようか？　そもそも，信号の状態モデルすら最初から与えられるのではなく，信号の表現手段として人為的に導入されたものにすぎない（その発想こそが大事なのであるが）．カルマンとビュシイの偉大な発見がなかったら現在どうなっていたかについては定かでないが，ともかく発見されたのであって予定されたものではない．これに対して本書の H^∞ フィルタの形は予定されたものである．すなわち，信号の状態モデルが人為的に導入されただけでは，カルマンフィルタ形の状態推定機構が結果として出現する必然性がない．あのような形を持つ状態推定器からなる解集合の中から解を探した結果が H^∞ フィルタなのだ．「あのような形の推定器」のことを，カルマン・ルエンバーガー形の推定器と呼ぶこともあるが，カルマン・ルエンバーガ

---
† 肩付番号は巻末の引用・参考文献の番号を示す．

一形の推定器は，カルマンフィルタの理論では終着点であるのに対し H^∞ フィルタの理論では出発点なのである．

ともあれ，最適かどうかは別にして，カルマン・ルエンバーガー形の推定器は，システムの状態推定という視点で見ると大変わかりやすい形をしている．まず，初期状態がわかっていて外からの不確定入力がなければ，システムと同じ動きをするモデルを用意することによって状態が推定できる．そして，もし外からの不確定入力に起因するゆらぎによって推定誤差が生じるときは，推定出力と観測される出力との差を使ってある程度修正することができる．あとは修正のさじ加減だけである．

日常，人と人との間で交わされる会話においても，これと似たような状況がないだろうか？　相手の話がよく理解できるのは，単に言語を共有するからなのか？　そうではなかろう．日本語の話せる人どうしの会話であっても，相手がつぎになにをいい出すのかまったく想像できない状況では，話を聞いてもおそらく理解できないだろう．相手の性格や興味や知識についてある程度知っていて，つまり状態モデルがあって，話の流れからつぎの言葉をある程度予測できることが，会話を楽にはこぶうえできわめて大事なことのように思われる．なにをいうか大筋で見当がついていれば，耳からの情報による微修正ですむし，場合によっては半分上の空でも十分会話した気分になれるかもしれない．

そう考えるとき興味があるのは，耳からの情報による微修正の程度である．いい換えれば，状態モデルを駆動するイノベーション過程（修正入力）にかかるゲインの大きさである．相手についてどのくらい知っているかに応じて最適なゲインというのがあるように思うが，多くの場合，楽なほうに流される結果低めの設定になるのではなかろうか．その結果，たがいに多くの知識や情報を共有し，本当に「言葉はいらない」といえそうな場合もある一方，それは幻想にすぎず，たがいに「相手のいうことを聞いていない」だけの会話もある．どこかの学校で生徒が年配の先生に質問をしている．生徒が質問の内容を述べる間，先生はフンフン，フンフンと頻繁なあいづちでつぎの言葉を促し，お前さんの聞きたいことは聞く前から知っているといわんばかりでちゃんと聞いているようには見えない．なのに質問への答は的確そのもの，というのはよくありそうなことである．おそらくそのような場面では，質問事項に関する正確な状態モデルが先生の中にあって，生徒の側の不確定なゆらぎも小さいのであろう．ただ，世間一般には他人の話を上の空で聞いて，わかったつもりの頓珍漢な答を返す人も少なくない．状態モデルがある程度合っていても，話し手の中の（聞き手にとって不確定な）ゆらぎの存在を忘れる結果そうなるのであろうか．適度に不確定なゆらぎの存在，そしてそれにともなうイノベーション過程の存在こそが，会話の楽しみの源泉だと思うのだが．

2 確定システムの数理モデルと状態推定

2章，3章および4章では，確定システムの状態推定について考える。本章では，確定システムとしての線形システムの数理モデルに基づいて確定システムの状態推定問題を定式化し，状態推定問題の解として，二つの推定方法を紹介する。これらの方法は状態推定の理論の基礎として重要であるが，必ずしも実用的なものではない。確定システムの状態推定問題への本格的なアプローチについては3章と4章で議論する。

2.1 状態推定問題の定式化

状態推定の対象となるシステムの数理モデルについては 1.2 節ですでに導入したが，ここでもう一度，確定システムについて整理しておこう。**入力ベクトル**（input vector）を u および v，**状態ベクトル**（state vector）を x，**出力ベクトル**（output vector）を y とするとき，つぎの微分方程式と代数方程式で表される線形システムを考える。

$$\frac{dx(t)}{dt} = Ax(t) + Bu(t), \quad x(t_0) = x_0 \tag{2.1}$$

$$y(t) = Cx(t) + v(t) \tag{2.2}$$

A，B および C は実行列を表す。初期状態 x_0 は確定した実ベクトルであり，入力 $u(t)$ および $v(t)$，$t \geq t_0$ はそれぞれ実ベクトルの値をとる確定した時間

関数である．確定システムの状態推定問題においては，状態および出力ベクトルがそれぞれ何個の成分から成っているかということが重要な意味を持ってくる．そこで，システム(2.1)および(2.2)に関するベクトルと行列の次元を確認しよう．状態 x は n 次元ベクトル，出力 y は m 次元ベクトル，入力 v は m 次元ベクトル，さらに入力 u は r 次元ベクトルであり，これに対応して，A，B および C はそれぞれ $n \times n$ 次元，$n \times r$ 次元および $m \times n$ 次元行列である．また，時間関数としての入力 $u(t)$ および $v(t)$ はそれぞれ区分的に連続とする．

線形システムの状態 x は微分方程式(2.1)の唯一解である．初期状態 x_0 と入力 $u(t)$，$t \geq t_0$ を与えると，状態 x はつぎのように表現できる．

$$x(t) = \Phi_A(t - t_0)x_0 + \int_{t_0}^{t} \Phi_A(t - \tau)Bu(\tau)d\tau \qquad (2.3)$$

ここで Φ_A は，A から導かれる状態遷移行列である（付録 A および B 参照）．

確定システム(2.1)および(2.2)における状態推定問題とは，システムパラメータ行列 A，B および C は既知として，「確定システム(2.1)および(2.2)において，時刻 t までの出力の観測データ $y(\tau)$，$t_0 \leq \tau \leq t$ に基づいて時刻 t の状態 $x(t)$ を推定すること」である．3章では，1.3節の分類(III)，すなわち初期状態 x_0 は未知，入力 u および v が既知の場合，そして分類(IV)，すなわち初期状態 x_0 および入力 u は未知，入力 v が既知の場合を議論する．4章では，分類(V)，すなわち初期状態 x_0，入力 u および入力 v がすべて不確かな場合を議論する．すでに述べたように，分類(I)，すなわち初期状態 x_0，入力 u および v がすべて既知の場合，および(II)，初期条件 x_0 および v は既知，入力 u が未知の場合は，それぞれ分類(III)および(IV)に特別な場合として含まれるので，あらためて議論はしない．

本節の最後に，特に初期状態 x_0 および入力 u が既知の場合には，出力 y の観測データとは無関係に線形システム(2.1)から直接に状態推定ができることを見ておこう．初期状態 x_0 と時間区間 $[t_0, t)$ の入力 u が既知であれば，時刻 t における状態 $x(t)$ は，微分方程式(2.1)あるいはその解の表現式(2.3)か

らただちに推定（決定）できる．さらに初期状態 x_0 が既知という仮定は，ある時刻 t_1 における状態 $x(t_1)$ が既知という仮定に置き換えることができる．すなわち，時刻 t_1 における状態 $x(t_1)$ と時間区間 $[t_1,\ t)$ の入力 u が既知であれば，時刻 t における状態 $x(t)$ は，微分方程式(2.1)あるいは

$$x(t) = \varPhi_A(t - t_1)x(t_1) + \int_{t_1}^{t} \varPhi_A(t - \tau)Bu(\tau)d\tau \tag{2.4}$$

によって推定できる．等式(2.4)は等式(2.3)の場合とまったく同様にして導くことができる．以上の議論は $t < t_1$ の場合にも成立するが，特に $t_1 < t$ の場合には，確率システムの場合（7.4節）にならって，等式(2.4)によって状態 $x(t)$ を予測するといういい方をすることがある．以上のように，初期状態 x_0 および入力 u が既知の場合，線形システム(2.1)がそのまま状態推定器の役割を果たすことがわかる．なお分類（Ⅰ）は，この場合の一つの例であることに注意しよう．

2.2　出力の有限時間観測データに基づく状態推定

前節で定式化した状態推定問題に対して，分類(Ⅲ)，すなわち初期状態 x_0 は未知，入力 u および v が既知の場合の解法を与えよう．これからの議論において，「(C, A) は**可観測**（observable）」という条件が重要な役割を演ずる．(C, A) が可観測とは，線形システム

$$\frac{dx(t)}{dt} = Ax(t), \quad x(t_0) = x_0$$

$$y(t) = Cx(t)$$

において，出力 y を初期時刻 t_0 からある時間区間 $[t_0,\ t)$ にわたって観測することにより初期状態 x_0 を知ることができることである．(C, A) が可観測であるための必要十分条件の一つは，任意の t_0 に対して $t_1\ (t_1 > t_0)$ が存在し

$$W_c(t_1,\ t_0) := \int_{t_0}^{t_1} \varPhi_A(\tau - t_0)^T C^T C \varPhi_A(\tau - t_0) d\tau \tag{2.5}$$

で定義される行列 $W_c(t_1,\ t_0)$ が正則となることである（付録C参照）．

さて (C, A) は可観測と仮定しよう。時刻 t までの出力 y の観測に基づいて初期状態 x_0 を推定することができれば，前節の最後に述べたことから，時刻 t における状態 $x(t)$ を（さらに，任意の時刻の状態を）推定できる。そこで，まず初期状態の推定を考えよう。

等式(2.3)を用いて，状態 $x(t)$ を初期状態 x_0 に関する未知の部分 $x_0(t)$ と入力 u に関する既知の部分 $x_u(t)$ に分解し，$x(t) = x_0(t) + x_u(t)$ と表す。このとき観測システム(2.2)は

$$y(t) = Cx_0(t) + Cx_u(t) + v(t) \tag{2.6}$$

となる。ここで $x_0(t)$ と $x_u(t)$ は

$$x_0(t) = \Phi_A(t - t_0)x_0, \quad x_u(t) = \int_{t_0}^{t} \Phi_A(t - \tau)Bu(\tau)d\tau$$

で定義される。式(2.6)の右辺の第2項と第3項は既知であるから，この二つの項を左辺に移項して

$$y(t) - Cx_u(t) - v(t) = Cx_0(t)$$

と変形すると，左辺に観測できる出力と既知の量が集まる。そこで両辺に左から $\Phi_A(t - t_0)^T C^T$ をかけて t_0 から t まで積分すると，つぎの関係式を得ることができる。

$$\int_{t_0}^{t} \Phi_A(\tau - t_0)^T C^T \{y(\tau) - Cx_u(\tau) - v(\tau)\}d\tau$$
$$= \int_{t_0}^{t} \Phi_A(\tau - t_0)^T C^T Cx_0(\tau)\, d\tau$$

さらに定義式 $x_0(t) = \Phi_A(t - t_0)x_0$ を右辺に代入し，つぎのように整理できる。

$$\int_{t_0}^{t} \Phi_A(\tau - t_0)^T C^T \{y(\tau) - Cx_u(\tau) - v(\tau)\}d\tau = W_c(t, t_0)x_0 \tag{2.7}$$

ここで $W_c(t, t_0)$ は式(2.5)で定義される。先に述べたように，(C, A) は可観測であるから，$t_0 < t$ であれば，各時刻 t で行列 $W_c(t, t_0)$ は可逆である。したがって，式(2.7)から，初期状態 x_0 は

$$x_0 = W_c(t, t_0)^{-1} \int_{t_0}^{t} \Phi_A(\tau - t_0)^T C^T \{y(\tau) - Cx_u(\tau) - v(\tau)\}d\tau \tag{2.8}$$

によって正確に推定できる．このとき，状態 $x(t)$ は等式(2.3)から正確に推定できる．これを整理したのが図 2.1 である．

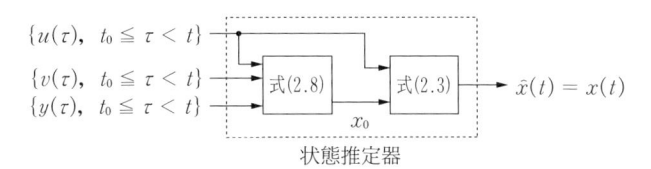

図 2.1 出力の有限時間観測データに基づく状態推定

この推定方式は理論的には明快であるが，実際に用いるにはいくつかの問題を含んでいる．その一つは，ある時刻までの観測データおよび既知の入力を蓄積し記憶する必要があることである．逆行列 $W_c(t, t_0)^{-1}$ の計算が必要なことも問題の一つである．推定する状態 $x(t)$ の時刻 t は $t_0 < t$ であれば任意に設定できるが，特に観測データをとる時間区間の長さ，すなわち $t - t_0$ が短くなれば，行列 $W_c(t, t_0)$（の最大固有値）が小さくなり，逆行列 $W_c(t, t_0)^{-1}$ を求めることが困難となるからである．

2.3 出力の微分値に基づく状態推定

前節と同様に，分類(III)，すなわち初期状態 x_0 は未知，入力 u および v は既知の場合における，状態推定問題の解法を与えよう．(C, A) は可観測と仮定し，本節ではさらに，出力 y の観測から時刻 t における $y(t)$ の微分値の組 $y^{(1)}(t), \cdots, y^{(n-1)}(t)$ を得ることができると仮定する．ここで $y^{(k)}(t)$ は，y の時刻 t における k 階の微分 $y^{(k)}(t) = d^k y(t)/dt^k$ を表している．また，n は状態ベクトルの成分の個数を表していたことを思い出しておこう．本節では，$y(t)$ およびその $n-1$ 階までの微分値 $y^{(1)}(t), \cdots, y^{(n-1)}(t)$ に基づいて状態 $x(t)$ を推定する．

まず観測システム(2.2)から，出力 $y(t)$ およびその微分値の組はつぎのように与えられる．

$$y(t) = Cx(t) + v(t)$$
$$y^{(1)}(t) = Cx^{(1)}(t) + v^{(1)}(t)$$
$$\vdots$$
$$y^{(n-1)}(t) = Cx^{(n-1)}(t) + v^{(n-1)}(t)$$

ここで，$x^{(1)}(t), \cdots, x^{(n-1)}(t)$ は状態 $x(t)$ の微分値であり，線形システム (2.1) からつぎのように与えられる。

$$x^{(1)}(t) = Ax(t) + Bu(t)$$
$$x^{(2)}(t) = Ax^{(1)}(t) + Bu^{(1)}(t)$$
$$\vdots$$
$$x^{(n-1)}(t) = Ax^{(n-2)}(t) + Bu^{(n-2)}(t)$$

上式の第1式を第2式に代入し，その結果を第3式に代入し，さらにその結果を第4式に代入するという操作を続けて，$x^{(1)}(t), \cdots, x^{(n-1)}(t)$ を，$x(t)$ と $u(t), u^{(1)}(t), \cdots, u^{(n-2)}(t)$ で表す。その表現を先に計算した $y(t)$ およびその微分値の表現に代入することにより，つぎのような関係式を得る。

$$\begin{aligned} y(t) &= Cx(t) + v(t) \\ y^{(1)}(t) &= CAx(t) + CBu(t) + v^{(1)}(t) \\ &\vdots \\ y^{(n-1)}(t) &= CA^{(n-1)}x(t) + \sum_{k=0}^{n-2} CA^{n-2-k}Bu^{(k)}(t) + v^{(n-1)}(t) \end{aligned} \quad (2.9)$$

ここで，$u^{(0)}(t) = u(t)$ である。観測できる出力 y および既知の入力 u および v に関する項を左辺に集めると，関係式 (2.9) はつぎのように整理できる。

$$\xi(t) = M_o x(t) \tag{2.10}$$

ここで，$\xi(t)$ および M_o はつぎのように与えられる。

$$\xi(t) = \begin{bmatrix} y(t) - v(t) \\ y^{(1)}(t) - CBu(t) - v^{(1)}(t) \\ \vdots \\ y^{(n-1)}(t) - \sum_{k=0}^{n-2} CA^{n-2-k}Bu^{(k)}(t) - v^{(n-1)}(t) \end{bmatrix}$$

$$M_o = \begin{bmatrix} C \\ CA \\ \vdots \\ CA^{n-1} \end{bmatrix}$$

いま，等式(2.10)を未知変数 $x(t)$ に対する方程式と考えよう．(C, A) は可観測であるから，$mn \times n$ 次元行列 M_o は階数 n を持ち（付録C参照），したがって行列 $(M_o^T M_o)$ は可逆である．そこで，方程式(2.10)の両辺に左から $(M_o^T M_o)^{-1} M_o^T$ をかけると

$$x(t) = (M_o^T M_o)^{-1} M_o^T \xi(t) \tag{2.11}$$

を得る．したがって，右辺の演算により，状態 $x(t)$ が正確に推定できる（図2.2）．

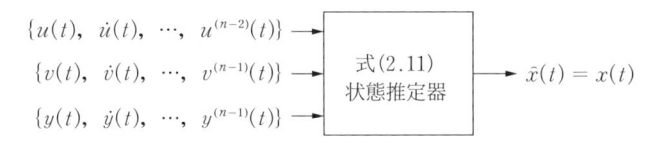

```
{u(t), u̇(t), …, u^(n-2)(t)} ─┐
{v(t), v̇(t), …, v^(n-1)(t)} ─┤ 式(2.11)     ├─→ x̂(t) = x(t)
{y(t), ẏ(t), …, y^(n-1)(t)} ─┘ 状態推定器
```

図2.2 出力の微分値に基づく状態推定

以上の議論を要約しよう．既知の入力 u および w から，時刻 t における微分値 $u^{(1)}(t), \dots, u^{(n-2)}(t), v^{(1)}(t), \dots, v^{(n-1)}(t)$ を得ることができるならば，出力 y の時刻 t における微分値 $y^{(1)}(t), \dots, y^{(n-1)}(t)$ に基づいて，式(2.11)から，時刻 t における状態 $x(t)$ が推定できる．

本節の推定方式も，前節の推定方式と同様に，理論的には明快であるが実際に用いるにはいくつかの問題点を含んでいる．その中で最も問題となるのは，観測出力 $y(t)$ の微分値が必要となる点である．微分値を計算することが可能であっても，実際には出力の観測には未知の**外乱**（disturbance）（**雑音**（noise））を伴うことが多く，微分の演算によって外乱の影響が増幅され無視できなくなってしまうからである．

********* 演 習 問 題 *********

【1】 つぎの式は，ばねとおもり，またはコイルとコンデンサからなる振動系の状態方程式である．ただし，いずれのシステムについても，適当なスケール変換が施された結果であるとする．

$$\frac{d}{dt}\begin{bmatrix} x_1(t) \\ x_2(t) \end{bmatrix} = \begin{bmatrix} 0 & 1 \\ -1 & 0 \end{bmatrix}\begin{bmatrix} x_1(t) \\ x_2(t) \end{bmatrix}$$

二つの状態変数のうち，x_1 はおもりの位置（コンデンサの電圧）を，x_2 はおもりの速度（コイルの電流）に，それぞれ対応している．時刻 $t=0$ における状態

$$\begin{bmatrix} x_1(0) \\ x_2(0) \end{bmatrix} = \begin{bmatrix} 3 \\ 0 \end{bmatrix}$$

が既知であるとき，各時刻 $t>0$ における状態推定値 $\hat{x}(t)$ を求めよ．

【2】 上記【1】と同じ状態方程式に関して，初期状態 $x(0)$ が未知の場合を考える．状態変数 x_2（おもりの速度またはコイルの電流）が観測可能であるとし，これを観測出力 y と同一視すれば，出力方程式は

$$y(t) = \begin{bmatrix} 0 & 1 \end{bmatrix}\begin{bmatrix} x_1(t) \\ x_2(t) \end{bmatrix}$$

となる．このシステムが可観測であることを確かめよ．つぎに，観測データ

$$y(t), \quad 0 \le t < \pi$$

から，初期状態 $x(0)$ を

$$\hat{x}(0) = \int_0^\pi k(t)y(t)dt$$

という形で推定する際の核関数 $k:[0, \pi] \to R^2$ を求めよ．

【3】 上記【1】と同じ状態方程式に関して，初期状態 $x(0)$ が未知の場合を考える．状態変数 x_1（おもりの位置またはコンデンサの電圧）が観測可能であるとし，これを観測出力 y と同一視すれば，出力方程式は

$$y(t) = \begin{bmatrix} 1 & 0 \end{bmatrix}\begin{bmatrix} x_1(t) \\ x_2(t) \end{bmatrix}$$

となる．このシステムが可観測であることを確かめよ．つぎに，各時刻 $t>0$ において，観測データ $y(t)$ から状態 $x(t)$ を

$$\hat{x}(t) = K\begin{bmatrix} y(t) \\ \dot{y}(t) \end{bmatrix}, \quad \dot{y} := \frac{dy}{dt}$$

という形で推定する際の係数行列 K（2×2 行列）を求めよ．

3

オブザーバ

　この章では，確定システムに対する状態推定の理論の主要な成果である，オブザーバの理論について述べる．オブザーバの基本的なアイデアは1964年にルエンバーガーによって発表されたものである[18]．オブザーバは無限時間の状態推定問題に対する漸近的な推定法である．オブザーバは，1.2節の状態推定問題の分類に従えば(III)の場合，すなわち初期状態は未知，入力 u および v が既知の場合に能力を発揮する状態推定器であるが，特別な構造を持つシステムに対しては，(IV)の場合，すなわち入力 u が未知の場合にも有効である．

　オブザーバは，もともと，出力を用いて状態フィードバック制御を近似的に実現するために，直接観測できない状態を推定する方法として考案されたものである．本章では，制御問題におけるオブザーバの役割についても触れる．

3.1 同一次元オブザーバ

　本節で考える状態推定問題をもう一度整理しておこう．状態推定の対象とする線形システムと出力データを与える観測システムは

$$\frac{dx(t)}{dt} = Ax(t) + Bu(t), \quad x(t_0) = x_0 \tag{3.1}$$

$$y(t) = Cx(t) + v(t) \tag{3.2}$$

である．状態 x は n 次元ベクトル，出力 y は m 次元ベクトル，入力 v は m

次元ベクトル,さらに入力 u は r 次元ベクトルである。システムパラメータ行列 A, B および C は既知であり,観測システムの入力 v も既知である。(C, A) は可観測と仮定する。初期条件 x_0 と入力 u に関しては,本節では,前章での分類(III)の場合,すなわち初期状態 x_0 は未知,入力 u および v は既知の場合を考える。問題は,時刻 t までの出力の観測データ $y(\tau)$, $t_0 \leqq \tau \leqq t$ に基づいて時刻 t の状態 $x(t)$ を推定することである。なお観測システムの入力 v は既知と仮定しているから,出力 $y(t)$ から $v(t)$ を差し引いたものを改めて出力 $y(t)$ と考えれば,一般性を失うことなく観測システム(3.2)をつぎの観測システムに換えることができる。

$$y(t) = Cx(t) \tag{3.3}$$

本章では,以下の議論において,式(3.3)を出力の観測システムとする。

まず,出力 y の観測データとは無関係に,線形システム(3.1)のモデルと既知の入力 u をそのまま用いて

$$\frac{d\hat{x}(t)}{dt} = A\hat{x}(t) + Bu(t), \quad \hat{x}(t_0) = \hat{x}_0 \tag{3.4}$$

によって構成される $\hat{x}(t)$ を状態 $x(t)$ の推定値とする方法が考えられる。ここで $\hat{x}_0$ は未知の初期状態 x_0 の推定値である。状態 $x(t)$ の推定値としての $\hat{x}(t)$ の意味を知るために,推定誤差 $e(t) = x(t) - \hat{x}(t)$ の振舞いを調べよう。式(3.1)と式(3.4)から,$e(t)$ は微分方程式

$$\frac{de(t)}{dt} = Ae(t), \quad e(t_0) = x_0 - \hat{x}_0 \tag{3.5}$$

を満足し,$e(t) = \Phi_A(t - t_0)e(t_0)$ の表現を持つ。そこで,もしも $e(t_0) = 0$ ($\hat{x}_0 = x_0$) であれば,$e(t) = 0$ ($\hat{x}(t) = x(t)$) であり,正確な状態推定ができる。これは,2.1節で述べた,(I)の場合にも使える状態推定そのものである。一般には $e(t_0) \neq 0$ ($\hat{x}_0 \neq x_0$) であり,$e(t) \neq 0$ ($\hat{x}(t) \neq x(t)$) である。しかしながら,A が安定な行列であれば,ある正数 α, β が存在して,不等式 $\|\Phi_A(t - t_0)\| \leqq \beta \exp\{-\alpha(t - t_0)\}$ を得ることができるから(付録B参照),$e(t_0) \neq 0$ であっても推定誤差 $e(t)$ の各成分は時間の経過とともに指数関数的

に減少し 0 に近づく．すなわち，A が安定な行列であれば，$\hat{x}(t)$ は時間の経過とともに状態 $x(t)$ に近づく漸近的な推定値となり，式(3.4)が漸近的な状態推定器となる．上記の漸近的な方法は，A が安定な行列でないときには使えない．A が安定行列でない場合にも使える漸近的な状態推定器として考案されたのが，オブザーバである．オブザーバは，モデル(3.1)の右辺に式(3.3)で与えられる出力と出力の推定値の差 $y(t) - C\hat{x}(t)$ を加えた

$$\frac{d\hat{x}(t)}{dt} = A\hat{x}(t) + Bu(t) + G[y(t) - C\hat{x}(t)], \quad \hat{x}(t_0) = \hat{x}_0 \quad (3.6)$$

という構成を持つ．ここで G は，漸近的な推定器としての性能を定める設計パラメータ行列である．推定誤差 $e(t) = x(t) - \hat{x}(t)$ を調べてみよう．式(3.1)，式(3.3)，そして式(3.6)から，$e(t)$ は微分方程式

$$\frac{de(t)}{dt} = (A - GC)e(t), \quad e(t_0) = x_0 - \hat{x}_0 \quad (3.7)$$

に従い，$e(t) = \Phi_{A-GC}(t - t_0)e(t_0)$ の表現を持つ．したがって，$A - GC$ が安定な行列となるように G を選ぶことができれば，$e(t_0) \neq 0$ であっても，推定誤差 $e(t)$ の各成分は時間の経過とともに指数関数的に減少し 0 に近づく．すなわち，$\hat{x}(t)$ は時間の経過とともに状態 $x(t)$ に近づく漸近的な推定値となり，式(3.6)が漸近的な状態推定器となる．ところが，(C, A) は可観測であるから，行列 $A - GC$ を安定にするパラメータ G を選ぶことが可能であり(付録 G 参照)，実際に漸近的な状態推定器(3.17)を構成することができる．推定値 $\hat{x}(t)$ が状態 $x(t)$ と同じ n 次元ベクトルであることから，オブザーバ(3.6)を，特に**同一次元オブザーバ** (identity observer あるいは full-order observer) と呼ぶ．図 3.1 に同一次元オブザーバによる状態推定方式を示す．

(C, A) が可観測であれば，パラメータ G を選んで行列 $A - GC$ を安定に

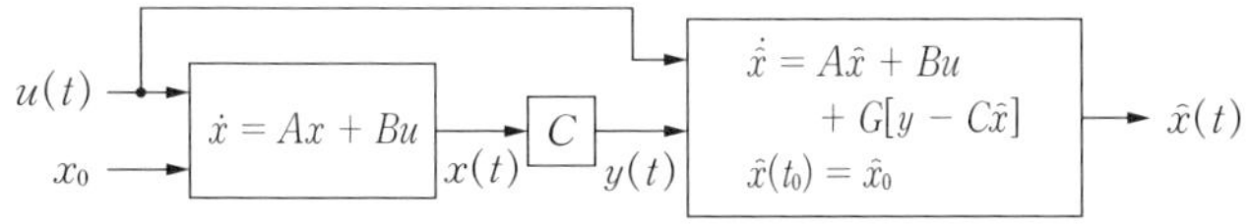

図 3.1 同一次元オブザーバによる状態推定

できるばかりではなく，$A - GC$ の固有値を任意に指定できる（付録 G を参照）。一方，安定な行列 $A - GC$ の固有値の最大の実部より大きい負数を $-\alpha$ とすると，ある正数 β が存在して不等式 $\|\Phi_{A-GC}(t)\| \leq \beta e^{-\alpha t}$ が成立する（付録 B 参照）。したがって，同一次元オブザーバの推定誤差 $e(t)$ はつぎのように評価される。

$$\|e(t)\| \leq \beta \|e(t_0)\| \exp\{-\alpha(t - t_0)\} \tag{3.8}$$

ここで $\|\cdot\|$ は，ユークリッドノルムを表す。このようにして，(C, A) が可観測であれば，$A - GC$ の固有値を指定することによって，推定誤差の減少の速さを設定できることがわかる。

本節では，入力 u および v は既知であること，すなわち時間関数として全区間で与えられていることを前提としてきた。しかしながら推定器(3.6)あるいは(3.4)の形式からわかるように，推定値 $\hat{x}(t)$ を得るためには，時刻 t までの区間の入力が与えられれば十分である。すなわち，入力 u は既知という仮定は，入力 u はオンラインで観測できるという仮定に置き換えることができる。このことは，次節以降の議論において，特に入力 u をフィードバック制御入力として構成する3.4節の議論において重要な意味を持つ。

本節の最後に，同一次元オブザーバとカルマンフィルタの関係を見ておこう。ここでの議論は7.5節の内容を前提としているので，7.5節を学習した後でもう一度読まれることをお勧めする。7.5節で述べるカルマンフィルタに関する結果は，つぎのように整理できる。カルマンフィルタは，式(7.55)を書き直して

$$\frac{d\hat{x}(t)}{dt} = A\hat{x}(t) + PC^T[y(t) - C\hat{x}(t)] \tag{3.9}$$

で与えられる。ここでパラメータ行列 P は，つぎの**リカッチ代数方程式**(Riccati algebraic equation) の対称正定解である。

$$0 = BB^T + AP + PA^T - PC^TCP \tag{3.10}$$

(C, A) が可観測でしかも (A, B) が可制御であれば，リカッチ代数方程式(3.10)の対称正定解 P の存在は保証され，さらに $A - PC^TC$ は安定な行列

となる(付録F参照)。式(3.9)と式(3.6)を比較することからわかるように,カルマンフィルタ(3.9)は,既知の入力を $u=0$,そしてパラメータを $G=PC^T$ とした同一次元オブザーバと見なすことができる。いい換えると,同一次元オブザーバ(3.9)は,線形モデル(3.1)と(3.2)における入力 u と v がたがいに無相関の白色雑音であるとき,推定誤差分散行列を(式(7.5)の意味で)最小にするオブザーバである。

3.2 最小次元オブザーバ

前節と同じ状態推定問題を考えよう。状態推定の対象とする線形システムは式(3.1),観測システムは既知の入力 v を差し引いた式(3.3)であり,初期状態 x_0 と入力 u に関しては,x_0 は未知で入力 u は既知(1.3節の分類(III))である。また前節と同様に,(C, A) は可観測とする。観測システム(3.3)に関して,本節では特につぎのような仮定をおく。観測出力 y の次数 m は状態 x の次数 n 以下,すなわち $m \leq n$ であり,出力を与える $m \times n$ 次元行列 C は

$$\text{rank } C = m \tag{3.11}$$

を満足する。このとき,$n-m$ 次元のオブザーバによって漸近的な状態推定値が構成できることを示す。一般には(特別な場合を除き)$n-m$ 次より小さい次元のオブザーバを構成することはできない。そのため,この $n-m$ 次元のオブザーバは**最小次元オブザーバ**(minimal-order observer)と呼ばれる。

仮定(3.11)から行列 C の m 本の行は1次独立である。この m 本の行と $n-m$ 本の1次独立な行を持つ $(n-m) \times n$ 次元行列 U を用いて,正則行列 S を

$$S = \begin{bmatrix} U \\ C \end{bmatrix} \tag{3.12}$$

で定義し,正則変換 $z = Sx$ を行うと,線形システム(3.1)および観測システ

ム(3.3)はつぎのように変換される。

$$\frac{dz(t)}{dt} = \underline{A}z(t) + \underline{B}u(t), \quad \underline{A} = SAS^{-1}, \quad \underline{B} = SB \quad (3.13)$$

$$y(t) = \underline{C}z(t), \quad \underline{C} = CS^{-1} = [0 \quad I] \quad (3.14)$$

変換されたシステムに対して**状態推定値**（state estimate）$\hat{z}(t)$ を構成することができれば，もとのシステムの状態推定値は $\hat{x}(t) = S^{-1}\hat{z}(t)$ で与えられる。

そこで，線形システム(3.13)と観測システム(3.14)に対する状態推定問題を検討し，状態 $z(t)$ を推定するオブザーバを構成しよう。まず新しい状態ベクトル z を $n-m$ 次元ベクトル z_1 と m 次元ベクトル z_2 に分割して $z = [z_1^T \quad z_2^T]^T$ と表すと，線形システム(3.13)と観測システム(3.14)は，つぎのように二つのサブシステムに分割して表現できる。

$$\frac{dz_1(t)}{dt} = \underline{A}_{11}z_1(t) + \underline{A}_{12}z_2(t) + \underline{B}_1u(t) \quad (3.15)$$

$$\frac{dz_2(t)}{dt} = \underline{A}_{21}z_1(t) + \underline{A}_{22}z_2(t) + \underline{B}_2u(t) \quad (3.16)$$

$$y(t) = z_2(t) \quad (3.17)$$

サブベクトル $z_2(t)$ は出力ベクトルそのものであり直接観測できるから，状態ベクトル $z(t)$ を推定するためにはサブベクトル $z_1(t)$ を推定すればよいことがわかる。いま観測値 $y(t)$ に加えてその微分値 $dy(t)/dt$ も観測できると仮定して，新しい観測値を

$$\underline{y}(t) = \frac{dy(t)}{dt} - \underline{A}_{22}y(t) - \underline{B}_2u(t) \quad (3.18)$$

のように定義すると，サブシステム(3.16)は，つぎのような観測システムと見なすことができる。

$$\underline{y}(t) = \underline{A}_{21}z_1(t) \quad (3.19)$$

一方，サブシステム(3.15)は，観測できる入力 $z_2(=y)$ および u を持った状態 z_1 に関する線形システムである。したがって，線形システム(3.15)と観測システム(3.19)に対して同一次元オブザーバを構成することによって，

$z_1(t)$ を推定できる。前節で述べた同一次元オブザーバの構成法に従うと，$z_1(t)$ を推定するためのオブザーバとして

$$\frac{d\hat{z}_1(t)}{dt} = \underline{A}_{11}\hat{z}_1(t) + \underline{A}_{12}y(t) + \underline{B}_1 u(t) + \underline{G}_1[\underline{y}(t) - \underline{A}_{21}\hat{z}_1(t)],$$

$$\hat{z}_1(t_0) = \hat{z}_{10} \tag{3.20}$$

が得られる。ここで，$\hat{z}_{10}$ は初期状態の推定値であり任意に設定できるが，パラメータ行列 $\underline{G}_1$ は，行列 $\underline{A}_{11} - \underline{G}_1\underline{A}_{21}$ が安定になるように選ばなければならない。このとき，$\hat{z}_1(t)$ は時間の経過とともに状態 $z_1(t)$ に近づく漸近的な推定値となり，式(3.20)が漸近的な状態推定器となる。このようにして，状態 $z(t)$ の漸近的な推定値 $\hat{z}(t) = [\hat{z}_1(t)^T \ \hat{z}_2(t)^T]^T$ を得ることができる。

オブザーバ(3.20)を構成するためには，二つの問題を解決しなければならない。一つは，行列 $\underline{A}_{11} - \underline{G}_1\underline{A}_{21}$ を安定にするパラメータ $\underline{G}_1$ を見つける問題である。ここで (C, A) は可観測と仮定されていたことを思い出そう。(C, A) が可観測であれば $(\underline{A}_{21}, \underline{A}_{11})$ は可観測である（証明は読者に任せる）。したがって，前節でも述べたように，パラメータ行列 $\underline{G}_1$ を選んで行列 $\underline{A}_{11} - \underline{G}_1\underline{A}_{21}$ を安定にできるばかりではなく，行列 $\underline{A}_{11} - \underline{G}_1\underline{A}_{21}$ の固有値を任意に指定して，推定値 $\hat{z}_1(t)$ の真値 $z_1(t)$ への収束の速さを自由に設定できる。

もう一つの問題は，$\underline{y}(t)$ の定義(3.18)からわかるように，オブザーバ(3.20)は観測出力 $y(t)$ に加えてその微分値 $dy(t)/dt$ も必要とすることである。2.3節でも述べたように，$y(t)$ から微分値 $dy(t)/dt$ を計算しこれを用いることは望ましいことではない。そこで，$\hat{q}(t) = \hat{z}_1(t) - \underline{G}_1 y(t)$ で定義される新しい推定値 $\hat{q}(t)$ を導入して，推定値 $\hat{z}_1(t)$ を与えるオブザーバ(3.20)を新しい推定値 $\hat{q}(t)$ に対するものに書き換えると，微分値 $dy(t)/dt$ を必要としないつぎのような推定器を導くことができる。

$$\frac{d\hat{q}(t)}{dt} = (\underline{A}_{11} - \underline{G}_1\underline{A}_{21})\hat{q}(t) + (\underline{A}_{12} - \underline{G}_1\underline{A}_{22} + \underline{A}_{11}\underline{G}_1 - \underline{G}_1\underline{A}_{21}\underline{G}_1)y(t)$$
$$+ (\underline{B}_1 - \underline{G}_1\underline{B}_2)u(t),$$

$$\hat{q}(t_0) = \hat{z}_{10} - \underline{G}_1 y(t_0) \tag{3.21}$$

その結果，この推定器から $\hat{q}(t)$ を求め

$$\hat{z}_1(t) = \hat{q}(t) + G_1 y(t) \tag{3.22}$$

を算出することによって，観測出力の微分値 $dy(t)/dt$ を用いることなく推定値 $\hat{z}_1(t)$ を得ることができる。

本節の結果を整理しよう。まず行列 $A_{11} - G_1 A_{21}$ を安定にするパラメータ行列 G_1 を設定する。つぎに，このパラメータを持つ推定器(3.21)および式(3.22)を用いて推定値 $\hat{z}_1(t)$ を求める。最後に

$$\hat{x}(t) = S^{-1} \begin{bmatrix} \hat{z}_1(t) \\ y(t) \end{bmatrix} \tag{3.23}$$

を算出する。この $\hat{x}(t)$ が漸近的な状態推定値となる。$n - m$ 次元推定器(3.21)に式(3.22)および式(3.23)をあわせたものが最小次元オブザーバである。

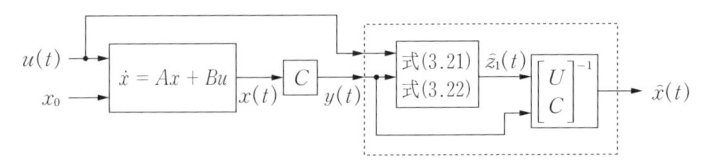

図 **3.2** に最小次元オブザーバによる状態推定方式を示す。本節の締めくくりに，同一次元オブザーバと比較して，最小次元オブザーバの構造の特徴を一つだけ指摘しておきたい。それは，式(3.14)からわかるように，最小次元オブザーバにおいては観測出力から見た推定誤差はいつでも 0，すなわち，$y(t) - C\hat{x}(t) = Cx(t) - C\hat{x}(t) = 0$, $t \geq t_0$ となることである。一方，同一次元オブザーバにおいてはこの推定誤差は一般には 0 ではない。もともと，この推定誤差が 0 ではないことを利用して推定値の修正を行うのが同一次元オブザーバである。なお本節で示した最小次元オブザーバの構成法は，1971 年にゴピナスによって発表されたものである[6]。

図 **3.2** 最小次元オブザーバによる状態推定

3.3 未知入力オブザーバ

本節では，入力 v は既知であるが，初期状態 x_0 も入力 u も未知の場合（1.3 節の分類(IV)）の状態推定問題を考えよう．状態推定の対象とする線形システムは式(3.1)，観測システムは既知の入力 v を差し引いた式(3.3)である．前節と同様に，(C, A) は可観測とし，観測出力 y の次数 m は状態 x の次数 n 以下，すなわち $m \leqq n$ であり，$m \times n$ 次元の出力行列 C は rank $C = m$ を満足するものと仮定する．本節ではさらに，$m \times r$ 次元の入力行列 B は rank $B = r$ を満足するものと仮定する．この仮定は，適当な線形結合を考えることによって独立な入力ベクトル u のみを用いることにすればいつでも成立させることができる便宜的なものである．

入力 u が既知であれば，上記の仮定のもとで，前節で導いた最小次元オブザーバ(3.21)，(3.22)および(3.23)によって漸近的な状態推定値 $\hat{x}(t)$ を得ることができる．実際には入力 u は未知であるから，一般にはこのオブザーバを用いることはできない．しかしながら

$$B_1 - G_1 B_2 = 0 \tag{3.24}$$

が成立する場合には，式(3.21)は入力 u を必要としない構造

$$\frac{d\hat{q}(t)}{dt} = (A_{11} - G_1 A_{21})\hat{q}(t) + (A_{12} - G_1 A_{22} + A_{11} G_1 - G_1 A_{21} G_1) y(t),$$

$$\hat{q}(t_0) = \hat{z}_{10} - G_1 y(t_0) \tag{3.25}$$

になるから，最小次元オブザーバ(3.25)，(3.22)および(3.23)によって，入力 u が未知であっても漸近的な状態推定値 $\hat{x}(t)$ を構成できることになる．このとき，式(3.25)，(3.22)および(3.23)によって与えられる漸近的な状態推定器を**未知入力オブザーバ**（unknown-input observer）と呼ぶ．

さて，未知入力オブザーバのパラメータ行列 G_1 は条件(3.24)を満足するものでなければならない．一方，パラメータ行列 G_1 は行列 $A_{11} - G_1 A_{21}$ を安定にするように選ばれなければならない．したがって未知入力オブザーバを構成

するためには，条件(3.24)を満足し，しかも行列 $A_{11} - G_1 A_{21}$ を安定にするパラメータ行列 G_1 を見つけなければならない．まず条件(3.24)を満足する G_1 を求めることを考えてみよう．条件(3.24)は $(n-m)m$ 個の未知数 G_1 に関する１次連立方程式であるから，１次連立方程式の理論から，解 G_1 の存在条件は

$$\mathrm{rank}\, B_2 = \mathrm{rank}\begin{bmatrix} B_1 \\ B_2 \end{bmatrix} \tag{3.26}$$

であり，この条件が成立するとき，すべての解はつぎのように与えられる．

$$G_1 = B_1(B_2^T B_2)^{-1} B_2^T + J\{I - B_2(B_2^T B_2)^{-1} B_2^T\} \tag{3.27}$$

ここで J は $(n-m) \times m$ 次元の任意の行列である．なお条件(3.26)が成立するためには $r \leqq m$，すなわち出力の数が入力の数以上であることが必要である．式(3.27)で与えられる G_1 が条件(3.24)を満たすことは，実際に代入することによってただちに確かめることができる．特に式(3.27)の第２項は，その行ベクトルが B_2 の列ベクトルと直交する行列を構成していることに注意しよう．つぎに，条件(3.24)を満足し，しかも行列 $A_{11} - G_1 A_{21}$ を安定にするパラメータ G_1 を見つけることを考えよう．条件(3.24)を満足するすべての G_1 は，自由に選べるパラメータ J を持つ式(3.27)で表現される．そこでこの表現を $A_{11} - G_1 A_{21}$ に代入し，整理して

$$A^{\sharp} = A_{11} - B_1(B_2^T B_2)^{-1} B_2^T A_{21} \tag{3.28}$$

$$C^{\sharp} = A_{21} - B_2(B_2^T B_2)^{-1} B_2^T A_{21} \tag{3.29}$$

と定義すると，問題は行列 $A^{\sharp} - J C^{\sharp}$ を安定にする J を求めればよいことになる．そのような行列 J が存在するための一つの十分条件は，$(C^{\sharp}, A^{\sharp})$ が可観測となることである．前節でも述べたように，$(C^{\sharp}, A^{\sharp})$ が可観測であれば，パラメータ J を選んで行列 $A^{\sharp} - J C^{\sharp}$ を安定にできるばかりではなく，行列 $A^{\sharp} - J C^{\sharp}$ の固有値を任意に指定できる．未知入力オブザーバの構成手順はつぎのように整理できる．まず条件(3.26)が成立することを確認する．式(3.28)および(3.29)で定義される $(C^{\sharp}, A^{\sharp})$ に対して行列 $A^{\sharp} - J C^{\sharp}$ を安定

にする J を求め，式(3.27)によって G_1 を求める．最後に，このパラメータ G_1 を用いて，未知外乱オブザーバ(3.25)，(3.22)および(3.23)を構成する．図 3.3 にその構成を示す．

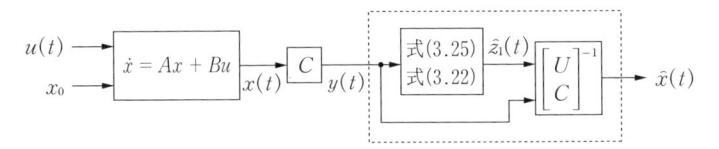

図 3.3 未知入力オブザーバによる状態推定

以上の未知外乱オブザーバおよびその構成条件は，式(3.12)で定義される正則行列 S による線形システム(3.1)および観測システム(3.3)の変換されたシステム(3.13)および(3.14)のパラメータを用いて記述されている．実際に未知外乱オブザーバを構成する場合には，構成条件はもとのシステム(3.1)および(3.3)のパラメータによって記述されているほうが便利である．証明は読者に任せることにして，以下にもとのシステムのパラメータを用いた等価な構成条件を示す．条件(3.26)は

$$\text{rank } CB = \text{rank } B \tag{3.30}$$

と等価である．$\underline{A}^\# - \underline{J}\underline{C}^\#$ を安定にする $\underline{J}$ が存在するための条件は，非負の実部を持つすべての複素数 λ に対して

$$\text{rank} \begin{bmatrix} A - \lambda I & B \\ C & 0 \end{bmatrix} = n + r \tag{3.31}$$

が成立することと等価である．なおこの条件は，もとのシステムの**零点**(zero) の実部が負であることを意味する．また $(\underline{C}^\#, \underline{A}^\#)$ が可観測であるという条件は，すべての複素数 λ に対して，式(3.31)が成立することと等価であり，もとのシステムが零点を持たないことを意味する．さらに詳しい議論については，クドヴァラの研究論文 (1980)[15]を参照していただきたい．

本節では入力 u は未知，すなわち入力 u については次数以外にはなにも情報がない場合を検討してきた．しかし，実際の未知入力では，例えば一定値の外乱であることや周波数が既知の正弦波状の外乱であることが，事前の情報と

して与えられることも多い。いま述べた例は，一般化して未知入力 u のモデル

$$\frac{dx_d(t)}{dt} = A_d x_d(t) \tag{3.32}$$

$$u(t) = C_d x_d(t) \tag{3.33}$$

がわかっている場合として表現できる。このような未知入力のモデル(3.32)および(3.33)が与えられる場合には，**図 3.4** に示すような線形モデル(3.1)との拡大された線形システム（入力は 0）を考えることによって，未知入力を持ったシステムの状態の推定は拡大されたシステムの状態 $[x^T \ x_d^T]^T$ の推定に帰着される。拡大されたシステムの状態推定問題に対しては，もちろん 3.2 節や 3.3 節で導いたオブザーバを適用することができる。

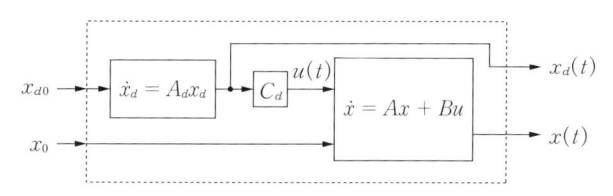

図 3.4 外乱モデルと拡大されたシステム

3.4 オブザーバと状態フィードバック制御

ルエンバーガーはオブザーバを発表した 1964 年の論文[18]の中で，オブザーバを考案した動機は，**状態フィードバック制御**（state feedback control）を出力の観測データから構成する問題にあることを述べている。状態フィードバック制御は，状態方程式モデルに対する制御法として最大の可能性を持っている。そこで，状態フィードバック制御をまず設計し，状態が観測できない場合には，状態をその推定値に置き換えたものを実際の制御入力とすることが考えられる。ルエンバーガーは状態推定値の構成法としてオブザーバを提案したわけである。本節では，状態フィードバック則とオブザーバで構成される**閉ループシステム**（closed-loop system）の特徴を調べよう。

入力 u を制御入力とする線形システム(3.1)と観測システム(3.3)によって制御対象が記述されているとしよう．この制御対象に対して，つぎのような状態フィードバック制御を考える．

$$u(t) = -Kx(t) + u_a(t) \tag{3.34}$$

ここで，状態フィードバック則（ゲイン）K は適当な設計法によって設定された一定値行列である．また u_a は，閉ループシステムの入力端を明確するために導入した新しい入力ベクトルである．もしも状態 x が観測できるならば状態フィードバック制御(3.34)は実行可能であり，これを対象システム(3.1)に適用すると，図 **3.5**(a)に示す閉ループシステム

$$\frac{dx(t)}{dt} = (A - BK)x(t) + Bu_a(t) \tag{3.35}$$

$$y(t) = Cx(t) \tag{3.36}$$

が得られる．しかし状態 x は直接観測できず，観測システム(3.36)の出力 y が与えられるだけである．そこで 3.2 節で導入した同一次元オブザーバ(3.6)によって状態推定値 $\hat{x}(t)$ を構成し，状態フィードバック制御(3.34)における状態 $x(t)$ をこれで置き換えて，つぎのような出力フィードバック制御（オブ

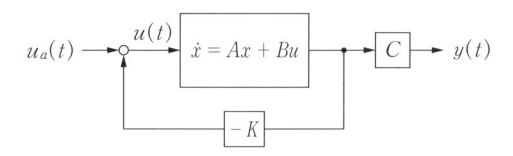

(a) 状態フィードバック制御

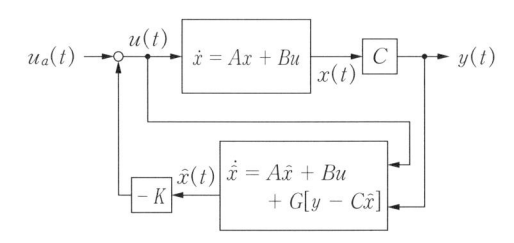

(b) オブザーバを用いた状態フィードバック制御

図 3.5 オブザーバと状態フィードバック制御

ザーバを用いたフィードバック制御）を考えよう.
$$u(t) = -K\hat{x}(t) + u_a(t) \tag{3.37}$$
$$\frac{d\hat{x}(t)}{dt} = A\hat{x}(t) + Bu(t) + G[y(t) - C\hat{x}(t)], \quad \hat{x}(t_0) = \hat{x}_0 \tag{3.38}$$
この制御を対象システム(3.1)に適用すると，図(ｂ)に示す閉ループシステム
$$\frac{d}{dt}\begin{bmatrix}x(t)\\ \hat{x}(t)\end{bmatrix} = \begin{bmatrix}A & -BK\\ GC & A-BK-GC\end{bmatrix}\begin{bmatrix}x(t)\\ \hat{x}(t)\end{bmatrix} + \begin{bmatrix}B\\ B\end{bmatrix}u_a(t) \tag{3.39}$$
$$y(t) = \begin{bmatrix}C & 0\end{bmatrix}\begin{bmatrix}x(t)\\ \hat{x}(t)\end{bmatrix} \tag{3.40}$$
が得られる.

いま，オブザーバを用いたフィードバック制御によって構成された閉ループシステム(3.39)と(3.40)の構造を見通しよくするために，この閉ループシステムに対して正則変換
$$\begin{bmatrix}x(t)\\ e(t)\end{bmatrix} = \begin{bmatrix}I & 0\\ I & -I\end{bmatrix}\begin{bmatrix}x(t)\\ \hat{x}(t)\end{bmatrix} \tag{3.41}$$
を施すと，つぎのような閉ループシステムの表現を得ることができる.
$$\frac{d}{dt}\begin{bmatrix}x(t)\\ e(t)\end{bmatrix} = \begin{bmatrix}A-BK & BK\\ 0 & A-GC\end{bmatrix}\begin{bmatrix}x(t)\\ e(t)\end{bmatrix} + \begin{bmatrix}B\\ 0\end{bmatrix}u_a(t) \tag{3.42}$$
$$y(t) = \begin{bmatrix}C & 0\end{bmatrix}\begin{bmatrix}x(t)\\ e(t)\end{bmatrix} \tag{3.43}$$
線形システムの特性多項式は相似変換に対して不変であるから，式(3.42)の上三角ブロック構造に注目して計算すると，閉ループシステムの**特性多項式** (characteristic polynomial) は
$$\begin{aligned}\phi(\lambda) &= \det\begin{bmatrix}\lambda I - A + BK & BK\\ 0 & \lambda I - A + GC\end{bmatrix}\\ &= \det[\lambda I - A + BK]\det[\lambda I - A + GC]\end{aligned} \tag{3.44}$$
となる.すなわち閉ループシステム(3.42)の**特性根** (characteristic root)（固有値）の集合は，状態フィードバック制御を用いた閉ループシステム

(3.35)の固有値（$A-BK$の固有値）の集合と推定誤差システム(3.7)の固有値（$A-GC$の固有値）の集合に分離できる．この事実は，システムの固有値に着目する限りでは，閉ループシステムの設計は状態フィードバック則の設計とオブザーバの設計を独立に行えばよいことを意味しており，**分離定理** (separation theorem) と呼ばれている．しかし，閉ループシステムの固有値の集合が分離していることが対応する固有ベクトルの集合も分離していることを意味するわけではない．したがって閉ループシステムの過渡特性に着目する場合には，過渡特性は固有値と固有ベクトルによって定まるから，状態フィードバック則の設計とオブザーバの設計を独立に行えるわけではないことに注意すべきである．なお，7章で述べる確率的LQ制御問題に関する分離定理と本節の分離定理は慣例として同じ呼び方をするが，両者の内容は別のものである．

つぎに，閉ループシステム(3.39)および(3.40)において，入力u_aから出力yまでの**伝達関数** (transfer function) $G(s)$について調べてみよう．伝達関数も正則変換に対して不変であるから，変換された閉ループシステム(3.42)および(3.43)を用いて伝達関数$G(s)$を計算すると

$$G(s) = \begin{bmatrix} C & 0 \end{bmatrix} \begin{bmatrix} sI-A+BK & BK \\ 0 & sI-A+GC \end{bmatrix}^{-1} \begin{bmatrix} B \\ 0 \end{bmatrix}$$
$$= C[sI-A+BK]^{-1}B \tag{3.45}$$

が得られる．最後の表現は，状態フィードバック制御を用いた閉ループシステム(3.35)および(3.36)の伝達関数そのものである．すなわち，閉ループシステムの伝達関数はオブザーバを用いても変わらない．オブザーバを用いたときの閉ループシステムの特性多項式は式(3.44)であるから，オブザーバの誤差システムの固有値（$A-GC$の固有値）は零点で相殺され，閉ループシステムの**極** (pole) として現れないことになる．実際，$A-GC$の固有値に対応するモードはu_aから可制御ではないことが式(3.42)から明らかである．

本節の最後に，状態フィードバック則とオブザーバによる閉ループシステム

の構成におけるオブザーバのパラメータ G の設定の指針に触れておこう。一つの標準的な指針はいま述べた固有値に関する分離定理を利用するもので，パラメータ G を設定して，図3.6のように，複素左平面におけるオブザーバの推定誤差システムの固有値（$A - GC$ の固有値）の集合を，状態フィードバック制御による閉ループシステムの固有値（$A - BK$ の固有値）の集合より左側に配置することである。この指針は，状態フィードバック制御による閉ループシステムの過渡応答が収束する前にオブザーバの推定誤差を零に収束させ，状態フィードバック制御が保証する閉ループシステムの過渡特性を実現することを狙ったものである。この考え方をつきつめると，パラメータ G は，オブザーバの推定誤差システムの固有値（$A - GC$ の固有値）は左無限遠点に配置するように設定するのがよいと思われる。しかしながら，このことは一般にはよい結果をもたらさない。極端に大きな負の実部を持つ固有値があれば，オブザーバの初期値の選び方によって，あるいは想定していなかった外乱が加わったとき，過渡的に大きな推定誤差を発生する可能性があるからである。オブザーバの初期値の選び方に関しては，美多（1978）[20]の研究を参照していただきたい。

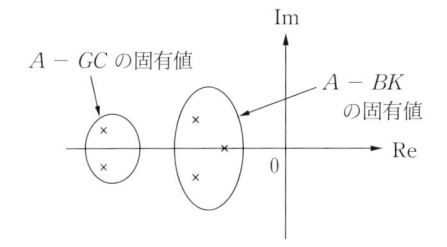

図 3.6　状態フィードバックシステムの固有値とオブザーバの固有値の配置

本節では状態フィードバック則と同一次元オブザーバから構成される閉ループシステムの特徴について考えたが，本節で述べてきたことは，同一次元オブザーバを最小次元オブザーバに置き換えても成立する。さらに進んだ議論については，岩井ら（1988）[9]の4章が詳しい。また，オブザーバを用いた制御器の設計に関する進んだ議論については，オーレーリー（1983）[24]が要約している。

********** 演 習 問 題 **********

【1】 つぎの式は，ばねとおもり，またはコイルとコンデンサからなる振動系の状態方程式である。ただし，いずれのシステムについても，適当なスケール変換が施された結果であるとする。

$$\frac{d}{dt}\begin{bmatrix} x_1(t) \\ x_2(t) \end{bmatrix} = \begin{bmatrix} 0 & 1 \\ -1 & 0 \end{bmatrix}\begin{bmatrix} x_1(t) \\ x_2(t) \end{bmatrix}$$

二つの状態変数のうち，x_1 はおもりの位置（コンデンサの電圧）を，x_2 はおもりの速度（コイルの電流）に，それぞれ対応している。状態変数 x_2（おもりの速度またはコイルの電流）が観測可能，すなわち出力方程式を

$$y(t) = [0 \ \ 1]\begin{bmatrix} x_1(t) \\ x_2(t) \end{bmatrix}$$

とするとき，このシステムは可観測である（1章の演習問題【2】を参照）。これに対する同一次元オブザーバを一つ求めよ。さらに，実際の初期状態が $x(0) = [1 \ \ 0]^T$（未知）であるとき，このオブザーバにおける推定誤差ベクトル $e(t) := x(t) - \hat{x}(t)$，$t \geq 0$ の挙動を調べよ。

【2】 上記【1】と同じ状態方程式と出力方程式に対して，最小次元オブザーバーを含む状態推定器を一つ求めよ。さらに，実際の初期状態が $x(0) = [1 \ \ 0]^T$（未知）であるとき，このオブザーバにおける推定誤差ベクトル $e(t) := x(t) - \hat{x}(t)$，$t \geq 0$ の挙動を調べよ。

【3】 未知の外部入力 u を含む状態方程式

$$\frac{d}{dt}\begin{bmatrix} x_1(t) \\ x_2(t) \end{bmatrix} = \begin{bmatrix} 0 & 1 \\ -1 & 0 \end{bmatrix}\begin{bmatrix} x_1(t) \\ x_2(t) \end{bmatrix} + \begin{bmatrix} 1 \\ 1 \end{bmatrix}u(t)$$

に対して，出力方程式が

$$y(t) = [0 \ \ 1]\begin{bmatrix} x_1(t) \\ x_2(t) \end{bmatrix}$$

であるとき，最小次元オブザーバを含む状態推定器を一つ求めよ。

4

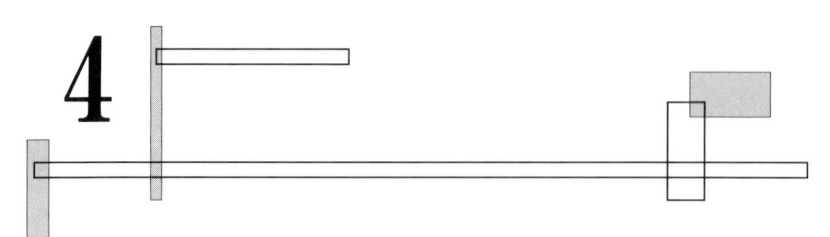

H^∞ フィルタ

　H^∞ フィルタは，不確かな初期状態と不確かな入力を持つ確定システムに対する漸近的な状態推定器である．不確かな初期状態あるいは入力とは，エネルギーが有界な未知の初期状態あるいは入力のことである．入力が未知ということに注目すれば，H^∞ フィルタは一種の未知入力オブザーバである．H^∞ フィルタの特徴は，不確かな初期状態と入力のエネルギーの上界がわかれば，推定誤差のエネルギーの上界を指定できることである．不確かな初期状態および不確かな入力を考えることによって，線形システムのモデル化誤差やパラメータ誤差などの不確かさを表現できる．したがって，H^∞ フィルタはモデル化誤差やパラメータ誤差などに対してロバストな推定器である．

　H^∞ フィルタはリカッチ代数方程式の解を用いて構成され，7 章で述べるカルマンフィルタに似た構造を持っている．H^∞ フィルタは不確かな初期状態と入力に関する一つのエネルギー最小化問題の解として解釈できること，そしてカルマンフィルタはその特別な場合の解となっていることを示す．

4.1　H^∞ 状態推定問題

　本章で検討する状態推定問題を正確に述べておこう．状態推定の対象とする線形システムと出力データを与える観測システムはつぎのように記述される．

$$\frac{dx(t)}{dt} = Ax(t) + Bu(t), \quad x(t_0) = x_0 \tag{4.1}$$

$$y(t) = Cx(t) + v(t) \tag{4.2}$$

状態 x は n 次元ベクトル，出力 y は m 次元ベクトル，入力 v は m 次元ベクトル，さらに入力 u は r 次元ベクトルである．システムパラメータ行列 A, B および C は既知である．この記述は 2 章および 3 章ですでに導入したものである．本章では，初期状態と入力に関しては 1.3 節の分類 (V) の場合を考える．すなわち，初期条件 x_0 および入力 u は未知，そして観測システムの入力 v も未知であり，未知の初期状態 x_0 および未知の入力 $w = [u^T \ v^T]^T$ のエネルギーは有界，すなわち $\|x_0\|^2 < \infty$ および $\|w\|_2^2 < \infty$ とする．ここで，$\|\cdot\|$ はユークリッドノルム，$\|\cdot\|_2$ はつぎのように定義される 2 乗可積分関数ノルム (L^2 ノルム) である．

$$\|w\|_2 = \left(\int_{t_0}^{\infty} \|w(t)\|^2 dt\right)^{\frac{1}{2}} \tag{4.3}$$

入力 w が連続関数の場合，そのエネルギーが有界ならば $\|w(t)\| \to 0 \ (t \to \infty)$ が成立しなければならない．したがって，$w(t) = 1$ や $w(t) = \sin t$ はエネルギーが有界な入力ではない．以下本章では，エネルギーが有界な未知の初期状態および入力を不確かな初期状態および不確かな入力と呼ぶ．

状態推定器の性能を評価するために，いま状態の成分に重みをつけた出力

$$z(t) = Wx(t) \tag{4.4}$$

を導入する．出力 z は p 次元ベクトル，重み行列 W は $p \times n$ 次元の一定値行列である．本章で検討する状態推定問題は，「不確かな初期状態 x_0 と入力 w を持つ線形システム (4.1) および (4.2) において，時刻 t までに観測される出力データ $y(\tau)$, $t_0 \leq \tau \leq t$ に基づいて時刻 t の状態 $x(t)$ を推定する推定器を構成すること」であるが，特に，推定値を $\hat{x}(t)$ と表すとき，任意の不確かな初期状態 x_0 と入力 w に対して下記の条件 (C 1), (C 2) を満足する推定器を構成することである．

(C 1)　$\|x(t) - \hat{x}(t)\| \to 0 \quad (t \to \infty)$

(C 2)　正の実数 γ, η に対して

$$\|z - \hat{z}\|_2 \leq \gamma \left(\|w\|_2^2 + \eta^2 \|x_0\|^2\right)^{\frac{1}{2}}$$

ここで $\hat{z}(t) = W\hat{x}(t)$ である。条件（C1）は漸近的な推定器となることを要請している。一方，条件（C2）は出力の推定誤差のエネルギーが，η^2 で重み付けした不確かな初期状態および入力のエネルギーの γ^2 倍以下となることを要請している。いい換えると，不確かさから推定誤差までの**エネルギーゲイン**（energy gain）の上界が γ^2 となる推定器でなければならないことを意味している。上界 γ^2 が小さいほどよい推定性能を持った推定器ということになるが，この上界をどこまで小さくできるかということは，状態推定の対象システム(4.1)と観測システム(4.2)の性質そして重み W, η の選び方によって決まる。いま定式化した状態推定問題を H^∞ **状態推定問題**（H^∞ state estimation problem）と呼ぶ。この呼び名はエネルギーゲインに関する条件（C2）に由来するが，それは，初期状態が 0（$x_0 = 0$）で線形時不変システムの推定器（例えば式(3.6)）に限定すれば，エネルギーゲインは入力 w から出力の推定誤差 $z - \hat{z}$ までの伝達関数の H^∞ ノルムを定義するからである。以後，条件（C2）で定義されるエネルギーゲインも H^∞ ノルムと呼ぶことにする。

4.2　H^∞ フィルタ

本節では，前節で定式化した H^∞ 状態推定問題の解となる一つの状態推定器を導く。状態推定の対象となる線形システムは式(4.1)であり，出力データを与える観測システムは式(4.2)である。いま，リカッチ代数方程式

$$0 = BB^T + AP + PA^T - P(C^T C - \gamma^{-2} W^T W)P \tag{4.5}$$

を導入する。そして式(4.5)の対称正定解 P が存在し，$A - PC^T C$ は安定な行列であり，$P \geqq \eta^{-2} I$ が満たされると仮定する。このとき，この対称正定解 P によって構成される状態推定器

$$\frac{d\hat{x}(t)}{dt} = A\hat{x}(t) + PC^T[y(t) - C\hat{x}(t)], \quad \hat{x}(t_0) = 0 \tag{4.6}$$

は H^∞ 状態推定問題の解である。

条件（C1）を確認しよう。いま推定誤差 $e(t) = x(t) - \hat{x}(t)$ を考えると，

4.2 H^∞ フィルタ

システム(3.1)と推定器(4.6)から，つぎの誤差方程式を導くことができる．

$$\frac{de(t)}{dt} = (A - PC^TC)e(t) + Bu(t) - PC^Tv(t), \quad e(t_0) = x_0 \quad (4.7)$$

ここで行列 $A - PC^TC$ が安定であり，u および v は有界なエネルギーを持つ入力である．したがって，線形微分方程式(4.7)に従う推定誤差 e は，エネルギーが有界な初期状態 x_0 に対して $\|e(t)\| \to 0\,(t \to \infty)$ を満足する．すなわち条件（C 1）が満たされる．

条件（C 2）を確認しよう．リカッチ代数方程式(4.5)の対称正定解 P が

$$0 = P^{-1}BB^TP^{-1} + P^{-1}A + A^TP^{-1} - C^TC + \gamma^{-2}W^TW \quad (4.8)$$

を満たすことは明らかである．この関係式と誤差方程式(4.7)を用いて 2 次形式 $\gamma^2 e(t)^T P^{-1} e(t)$ の時間微分を計算し，平方完成を行うとつぎの恒等式が成立することを示すことができる．

$$\begin{aligned}\frac{d}{dt}\gamma^2 e(t)^T P^{-1} e(t) &+ \|We(t)\|^2 - \gamma^2\|w(t)\|^2 \\ &= -\gamma^2\|u(t) - B^T P^{-1} e(t)\|^2 - \gamma^2\|y(t) - C\hat{x}(t)\|^2\end{aligned} \quad (4.9)$$

両辺を時間区間 $[t_0,\,t]$ で積分し，右辺が非正であることに注意すると，不等式

$$\begin{aligned}\gamma^2 e(t)^T P^{-1} e(t) &- \gamma^2 e(t_0)^T P^{-1} e(t_0) + \int_{t_0}^t \|We(\tau)\|^2 d\tau \\ &- \gamma^2 \int_{t_0}^t \|w(\tau)\|^2 d\tau \le 0\end{aligned} \quad (4.10)$$

を得る．$\eta^2 I \geqq P^{-1} > 0$ および $e(t_0) = x_0$，さらに $\gamma^2 e(t)^T P^{-1} e(t) \geqq 0$ を用いると，この不等式からさらにつぎの不等式を得る．

$$\int_{t_0}^t \|We(\tau)\|^2 d\tau \le \gamma^2\left(\int_{t_0}^t \|W(\tau)\|^2 d\tau + \eta^2 \|x_0\|^2\right) \quad (4.11)$$

ここで $t \to \infty$ にとることが可能であるから，条件（C 2）が成立することが示されたことになる．

このようにして，状態推定器(4.6)が H^∞ 状態推定問題の解であることがわかった．状態推定器(4.6)は条件（C 2）を満足することから，すなわち H^∞ ノルムを用いて計った一定の推定性能を持つことから，H^∞ フィルタと呼ばれ

る。H^∞ フィルタによる状態推定方式を図 4.1 に示す。H^∞ フィルタの構成条件は，リカッチ代数方程式(4.5)が行列 $A - PC^TC$ を安定にし，しかも $P \geqq \eta^{-2}I$ を満足する対称正定解 P を持つことである。H^∞ フィルタを実際に構成する場合には，そのような解が存在するかどうか事前に調べることができれば便利であるが，一般的に使える簡便な方法はまだ知られていない。

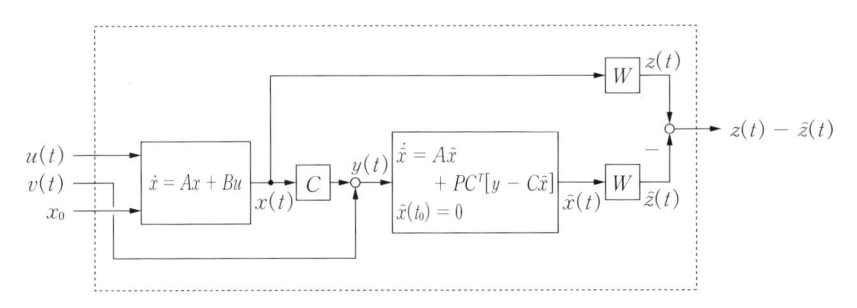

図 4.1 H^∞ フィルタによる状態推定

本節の最後に，H^∞ フィルタと 7.5 節で述べるカルマンフィルタの関係を見ておこう。ここでの議論は 7.5 節の内容を前提としているので，7.5 節を学習した後でもう一度読まれることをお勧めする。まず H^∞ フィルタ(4.6)は，$\gamma \to \infty$ とすると

$$\frac{d\hat{x}(t)}{dt} = A\hat{x}(t) + PC^T[y(t) - C\hat{x}(t)] \tag{4.12}$$

となり，またリカッチ代数方程式(4.5)は，

$$0 = BB^T + AP + PA^T - PC^TCP \tag{4.13}$$

となる。このとき H^∞ フィルタの構成条件は，式(4.12)のパラメータである行列 P がリカッチ代数方程式(4.13)の対称正定解であり，$A - PC^TC$ が安定な行列で $P \geqq \eta^{-2}I$ を満足することである。式(4.12)および式(4.13)からわかるように，$\gamma = \infty$ という特別な場合には H^∞ フィルタの数学的形式はカルマンフィルタと一致する。さらに $\eta = \infty$ という場合に限れば，構成条件もカルマンフィルタの構成条件（式(4.13)の対称正定解 P が存在し行列 $A - PC^TC$ が安定となること）と一致する。この構成条件は，A が安定であるかまたは

(C, A) が可観測であり,なおかつ (A, B) が**可制御** (controllable) であれば保証される (付録 F 参照)。なお 7.5 節では確率システムの定常過程の存在を前提としたため, A が安定でかつ (A, B) が可制御であることを仮定してカルマンフィルタを構成している。

以上の H^∞ フィルタとカルマンフィルタとの関係は,$\gamma = \infty$ という場合にリカッチ代数方程式(4.5)が式(4.13)になってしまうという結果に基づくものであって,この特別な場合に H^∞ フィルタを定義している条件 (C1) および (C2) がカルマンフィルタの定義となることを意味しているわけではないことに注意しておこう。

4.3 H^∞ フィルタと最小エネルギー問題

本節では,H^∞ フィルタによって作られる状態推定値がある**エネルギー最小化問題** (minimum-energy problem) の解となることを示すことによって,H^∞ フィルタに対するもう一つの解釈を与える。前節では H^∞ フィルタの特別な場合としてカルマンフィルタが導かれることを見たが,本節で与える H^∞ フィルタの解釈を用いると,H^∞ フィルタとカルマンフィルタの関係をさらに明確にすることができる。本節の議論は 7.5 節の内容を前提としているので,7.5 節を学習した後でもう一度読まれることをお勧めする。

つぎのような**最適制御問題** (optimal control problem) を考えよう。まず,前節では推定の対象であった線形システム(4.14)を制御対象とし,制御決定のためのデータは前節までと同様に観測システム(4.15)から得られるとする。

$$\frac{dx(t)}{dt} = Ax(t) + Bu(t), \quad x(t_0) = x_0 \tag{4.14}$$

$$y(t) = Cx(t) + v(t) \tag{4.15}$$

状態 x は n 次元ベクトル,出力 y は m 次元ベクトル,入力 v は m 次元ベクトル,さらに入力 u は r 次元ベクトルである。システムパラメータ行列 A,B および C は既知である。ここでは入力 $w = [u^T \quad v^T]^T$ は制御目的に従っ

て選ばれる制御入力であり，初期状態 x_0 も制御目的に従って選ばれるパラメータである。いまつぎのような**評価関数**（performance index）を導入しよう。

$$J(x_0, u, v; t_0, t) = x_0^T P^{-1} x_0 + \int_{t_0}^t (\|w(\tau)\|^2 - \gamma^{-2}\|z(\tau) - \hat{z}(\tau)\|^2) d\tau \tag{4.16}$$

ここで P は H^∞ フィルタ（$\eta = \infty$ の場合）の構成に用いたリカッチ代数方程式(4.5)の対称正定解であり，$z(\tau) - \hat{z}(\tau) = W(x(\tau) - \hat{x}(\tau))$ である。さらに $\hat{x}(\tau)$ は H^∞ フィルタ(4.6)（$\eta = \infty$ の場合）によって与えられている。問題は，観測データ $y(\tau)$，$t_0 \leq \tau \leq t$ が与えられるとして，評価関数(4.16)を最小にする制御入力 $w^*(\tau; t) = [u^*(\tau; t)^T\ v^*(\tau; t)^T]^T$，$t_0 \leq \tau \leq t$ と初期状態 $x_0^*(t)$ を決定し，対応する軌道 $x^*(\tau; t)$，$t_0 \leq \tau \leq t$ を求めることである。評価関数(4.16)を最小にすることの意味を考えよう。第1項と第2項は初期状態と制御入力のエネルギーを表している。第3項は制御対象の出力と H^∞ フィルタによる出力の推定の推定誤差のエネルギーを表している。ところで初期状態と入力のエネルギーを小さくすると出力の推定誤差は一般に小さくなる。したがって評価関数(4.16)を最小にすることは，H^∞ フィルタによる出力の推定誤差のエネルギーをペナルティにして，初期状態および制御入力のエネルギーを最小にすることである。

以上のように定式化された最小エネルギー問題の解はつぎのように与えられる。すなわち，データ $y(\tau)$，$t_0 \leq \tau \leq t$ はすでに観測されているとして，最適制御入力 $w^*(\tau; t) = [u^*(\tau; t)^T\ v^*(\tau; t)^T]^T$，$t_0 \leq \tau \leq t$ は

$$u^*(\tau; t) = B^T P^{-1} [x^*(\tau; t) - \hat{x}(\tau)] \tag{4.17}$$

$$v^*(\tau; t) = y(\tau) - Cx^*(\tau; t) \tag{4.18}$$

で与えられ，最適軌道 $x^*(\tau; t)$，$t_0 \leq \tau \leq t$ は，終端条件

$$x^*(\tau; t) - \hat{x}(t) = 0 \tag{4.19}$$

を満たすつぎの線形微分方程式の解として与えられる。

4.3 H^∞ フィルタと最小エネルギー問題   43

$$\frac{dx^*(\tau\,;\,t)}{d\tau} = Ax^*(\tau\,;\,t) + Bu^*(\tau\,;\,t) \tag{4.20}$$

そして最適初期状態は $x_0{}^*(t) = x^*(t_0\,;\,t)$ によって決定される。

最適解の持つ意味を述べる前に，その導出を行う。制御対象(4.14)の状態と H^∞ フィルタ(4.5)の推定値の差 $e(\tau) = x(\tau) - \hat{x}(\tau)$ を用いて 2 次形式 $e(\tau)^T P^{-1} e(\tau)$ を考えよう。4.2節とまったく同じ議論を繰り返すことになるが，この2次形式汎関数の時間微分を計算し，平方完成を行い，最後に時間区間 $[t_0,\ t]$ で積分することにより，つぎの等式を得ることができる。

$$\begin{aligned}
& x_0{}^T P^{-1} x_0 + \int_{t_0}^t (\|w(\tau)\|^2 - \gamma^{-2}\|z(\tau) - \hat{z}(\tau)\|^2) d\tau \\
& = e(t)^T P^{-1} e(t) + \int_{t_0}^t (\|u(\tau) - B^T P^{-1} e(\tau)\|^2 + \|y(\tau) - C\hat{x}(\tau)\|^2) d\tau
\end{aligned} \tag{4.21}$$

ところで $y(\tau)$ は事前に与えられているから $\hat{x}(\tau)$ もすでに定まっている。このことに注意すれば，式(4.21)の右辺が（したがって評価関数(4.16)が）最小値をとるのは，条件 $e(t) = 0$ および $u(\tau) = B^T P^{-1} e(\tau)$ が成立する場合であることがわかる。これらの条件と制御対象(4.14)を連立させたものが，最適制御入力(4.17)と終端条件(4.19)を満足する最適制御対象(4.20)である。もう一つの最適制御入力(4.18)は，観測出力 $y(\tau)$ が与えられ最適制御対象(4.20)の軌道 $x^*(\tau\,;\,t)$ が決定されていることから，観測システムの方程式(4.15)から自動的に導かれる。以上で導出は完了した。

最小エネルギー問題を定式化してその解を与えた目的は，H^∞ フィルタに前節までの議論とは別の解釈を与えることにある。さて最小エネルギー問題の解を与える条件(4.17)〜(4.20)からただちにわかることは，最適軌道の終端時刻における値が H^∞ フィルタの推定値になることである。このことは，「H^∞ フィルタによるシステムの状態推定値 $\hat{x}(\tau)$ は，区間 $[t_0,\ t]$ におけるエネルギー最小の初期状態および入力を持つシステムの状態 $x(t)$ に一致する。ただし初期状態および入力のエネルギー最小化は，(A 1) 観測データが与えられている，(A 2) H^∞ フィルタによる出力の推定誤差のエネルギーをペナルティす

る，という二つの条件のもとで行われる。」といい換えることができる。

$\gamma = \infty$ の場合を考えよう。前節の最後に見たように，この場合には H^∞ フィルタはカルマンフィルタとなる。最小エネルギー問題の評価関数(4.16)は，$\gamma = \infty$ の場合

$$J(x_0, \ u, \ v \ ; t_0, \ t) = x_0^T P^{-1} x_0 + \int_{t_0}^{t} \|w(\tau)\|^2 d\tau \qquad (4.22)$$

となり，条件 (A 2) に関するペナルティ項が消えてしまい，初期状態と入力のエネルギー項のみからなる。ここで P はリカッチ代数方程式(4.13)の対称正定解となる。このとき最小エネルギー問題の解は，$\hat{x}(\tau)$ をカルマンフィルタ(4.12)による推定値と考え直せば，そのまま条件(4.17)～(4.20)によって与えられる。したがって $\gamma = \infty$ の場合，いま与えた H^∞ フィルタの解釈は，カルマンフィルタに対するつぎの解釈となる。すなわち，「カルマンフィルタによるシステムの状態推定値 $\hat{x}(t)$ は，区間 $[t_0, \ t]$ におけるエネルギー最小の初期状態および入力を持つシステムの状態 $x(t)$ に一致する。ただし初期状態および入力のエネルギー最小化は，(A 1) 観測データが与えられている，という条件のもとで行われる。」

最後に，H^∞ フィルタとカルマンフィルタに対する以上の解釈それぞれに補足をしておこう。いずれも本書がカバーする範囲を逸脱するので，簡単な注記にとどめる。まず H^∞ フィルタに対する上記の議論を進めて，評価関数(4.16)における推定値 $\hat{z}(\tau)$ を任意の推定器によるものに換えて同じエネルギー最小化を実行し，この最小化された評価関数を最大にする推定器を求めると H^∞ フィルタを導くことができる（詳細は，内田と藤田の研究論文（1992）[27]）。この結果は，H^∞ フィルタが最悪な初期状態および入力（最悪ケース）に対する**ミニマックス推定器**（minimax estimator）であることを示している。またカルマンフィルタに対する上記の解釈は，評価関数(4.22)が線形システム(4.14)および(4.15)に対する尤度関数であることに気がつけば，カルマンフィルタは**最尤推定値**（maximum-likelihood estimate）を与える**最尤推定器**（maximum-likelihood estimator）であることの別の表現であることがわかる。このこと

から逆に，H^∞ フィルタは一般化された尤度関数(4.16)に対する最尤推定器と考えることもできる．最尤推定はもともと確率システムに対するものであり，しかも本書では扱っていないテーマであるので，これ以上の議論は文献（例えば，モルテンセンの研究論文（1968）[22]）を参照していただきたい．

4.4 H^∞ フィルタのロバスト性

H^∞ フィルタは H^∞ ノルムによる性能評価（C 2）によって特徴付けられる．本節では，この H^∞ フィルタの性能評価（C 2）を一般化することにより，モデル化誤差やパラメータ誤差などに対してロバストな推定器を導く．

システムの性能評価に H^∞ ノルムを用いると，モデル化誤差やパラメータ変動などの不確かさを H^∞ ノルムによって評価することによって許容できる不確かさを定量化できる．本題の前に，パラメータ変動に対する安定性の問題を例にしてこのことを見ておこう．システムパラメータ行列 A に未知のパラメータ変動があるつぎの線形システムを考える．

$$\frac{dx(t)}{dt} = (A + B_1 \Delta(t) W_1) x(t) \tag{4.23}$$

ここで，パラメータ A，B_1 および W_1 は既知の行列で，特に A は安定な行列である．パラメータ $\Delta(t)$ は未知の変動行列で，各要素は2乗可積分（エネルギー有界な）関数である．式(4.23)から $\Delta(t)$ を取り出して，サブシステム

$$u_1(t) = \Delta(t) z_1(t) \tag{4.24}$$

を定義すると，線形システム(4.23)は，**図 4.2** に示すように，サブシステム(4.24)とつぎのサブシステムとの結合システムとして表現される．

$$\frac{dx(t)}{dt} = Ax(t) + B_1 u_1(t) \tag{4.25}$$

$$z_1(t) = W_1 x(t) \tag{4.26}$$

いまサブシステム(4.25)および(4.26)における u_1 から z_1 までのエネルギーゲインが γ 以下，すなわち伝達関数 $W_1(sI - A)^{-1} B_1$ の H^∞ ノルムが γ 以下で

46   4. H^∞フィルタ

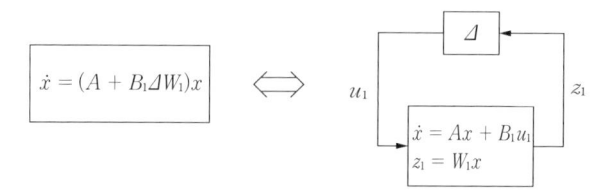

図 4.2 パラメータ変動のある線形システムの表現

あると仮定しよう．このとき，サブシステム(4.24)における z_1 から u_1 までのエネルギーゲインが γ^{-1} より小さい，すなわち任意のエネルギー有界な関数 f $(f \neq 0)$ に対して

$$\|\Delta f\|_2 < \gamma^{-1}\|f\|_2 \tag{4.27}$$

が成立すれば，スモールゲイン定理を用いて，結合システムの信号 u_1, x および z_1 は有界なエネルギーを持つこと，したがって $\|x(t)\| \to 0\,(t \to \infty)$ となることが示される．結合システム(4.24)～(4.26)はパラメータ変動がある線形システム(4.23)の等価な表現であるから，結局，線形システム(4.23)は，γ^{-1} より小さいエネルギーゲインを持つ任意のパラメータ変動 $\Delta(t)$ が生じても零状態の漸近安定性（$\|x(t)\| \to 0\,(t \to \infty)$) を保つことができる．$\gamma$ を小さくとることができれば，それだけ許容できる変動パラメータの大きさが大きくてもよいということもわかる．

本題に戻って，モデル化誤差やパラメータ誤差などに対して**ロバストな状態推定器**（robust state estimator）を構成する問題を考えよう．状態推定の対象とする線形システムと出力データを与える観測システムをつぎのように記述する．

$$\frac{dx(t)}{dt} = Ax(t) + B_1 u_1(t) + B_2 u_2(t), \quad x(t_0) = x_0 \tag{4.28}$$

$$y(t) = Cx(t) + v(t) \tag{4.29}$$

本節では，システムパラメータ A は安定な行列と仮定する．式(4.28)の表現は，式(4.14)における入力 u を分割して $u = [u_1^T\ u_2^T]^T$，またシステムパラメータ行列 B を分割して $B = [B_1\ B_2]$ としたものである．4.1節と同様に，

初期条件 x_0 および入力 $w = [u^T \ v^T]^T$ は未知でエネルギーは有界，$\|x_0\|^2 < \infty$ および $\|w\|_2^2 < \infty$ である．状態推定器の性能を評価するために，いま状態の成分に一定値行列 W_1 と W_2 で重みを付けた二種類の出力 z_1 と z_2 を導入する．

$$z_1(t) = W_1 x(t) \tag{4.30}$$

$$z_2(t) = W_2 x(t) \tag{4.31}$$

z_1 はシステムの不確かさに対する推定器の**ロバスト性能** (rubust performance) を，z_2 は推定の性能そのものを評価するための出力である．ロバストな状態推定器を構成するための状態推定問題は，4.1 節で定式化した H^∞ 状態推定問題において条件 (C 2) を下記の条件 (C 2′) に置き換えたものである．

(C 2′) 正の実数 $\gamma,\ \eta$ に対して

$$\|z - \hat{z}\|_2 \leq \gamma (\|w\|_2^2 + \eta^2 \|x_0\|^2)^{\frac{1}{2}}$$

ここで

$$z(t) = \begin{bmatrix} z_1(t) \\ z_2(t) \end{bmatrix} \text{ および } \hat{z}(t) = \begin{bmatrix} 0 \\ W_2 \hat{x}(t) \end{bmatrix}$$

である．この問題を一般化 H^∞ 状態推定問題と呼ぼう．一般化 H^∞ 状態推定問題において，$B_1 = 0$ および $W_1 = 0$ とした特別な場合がもとの H^∞ 状態推定問題である．$B_1 \neq 0$ および $W_1 \neq 0$ の場合は，条件 (C 2′) が満足されるとき，線形システム(3.76)における u_1 から z_1 までのエネルギーゲインが γ 以下であるから，エネルギーゲインが γ^{-1} より小さい不確かさ（例えば先に示した不確かなパラメータ変動）があっても零状態の漸近安定性は保たれる．その結果，一般化 H^∞ 状態推定問題の解となる推定器は，そのような不確かさがあっても条件 (C 1) および (C 2′) によって記述される推定性能を維持するロバスト推定器となる．どのような不確かさに対して，どのような性能を持ったロバストな推定器が得られるかという問題は，入力 w と出力 z_1 をどのように設定するか，すなわち重み行列 W_1 および W_2 をどのように選ぶかということに

かかっている．さらに詳しい議論については，H^∞ 制御に基づくロバスト制御システムの設計の文献（例えば，細江と荒木監修（1994）[8]や森編（1996）[21]）を参照していただきたい．

いま定式化した一般化 H^∞ 状態推定問題の解となる一つの状態推定器を示そう．その導出は 4.2 節で示した過程とほぼ同じものとなるので読者の演習問題とし，ここでは結果のみを示す．いま，リカッチ代数方程式

$$0 = BB^T + AP + PA^T - P(C^T C - \gamma^{-2} W_1^T W_1 - \gamma^{-2} W_2^T W_2)P \tag{4.32}$$

を導入する．式(4.5)の対称正定解 P が存在し，$A - PC^T C + \gamma^{-2} PW_1^T W_1$ は安定な行列であり，$P \geq \eta^{-2} I$ が満たされると仮定する．このとき，この対称正定解 P によって構成される状態推定器

$$\frac{d\hat{x}(t)}{dt} = A\hat{x}(t) + \gamma^{-2} PW_1^T W_1 \hat{x}(t) + PC^T[y(t) - C\hat{x}(t)],$$
$$\hat{x}(t_0) = 0 \tag{4.33}$$

は一般化 H^∞ 状態推定問題の解である．この推定器を一般化 H^∞ フィルタと呼ぶ．一般化 H^∞ フィルタによる状態推定方式を図 **4.3** に示す．

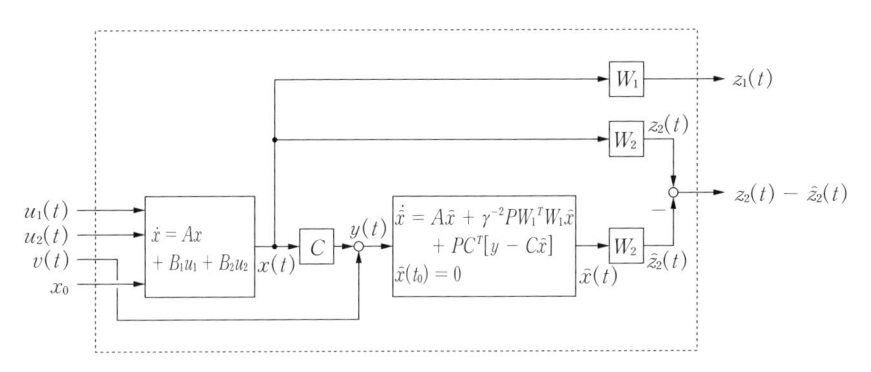

図 **4.3** 一般化 H^∞ フィルタによる状態推定

構成条件は，リカッチ代数方程式(4.32)が行列 $A - PC^T C + \gamma^{-2} PW_1^T W_1$ を安定にし，しかも $P \geq \eta^{-2} I$ を満足する対称正定解 P を持つことであるが，そのような解が存在するかどうか事前に調べる一般的に使える簡便な方法は，

この場合も（先に述べた $W_1 = 0$ の場合と同様に）まだ知られていない。

コーヒーブレイク

状態推定のなにが確定的でなにが確率的？

本書では H^∞ フィルタを確定的な定式化のもとに，カルマンフィルタを確率的な定式化のもとに，それぞれ述べている．確定論と確率論ではものの見方がずいぶんと違うように思えるかもしれないが，実はそうでもないということをここでは論じてみたい．

それぞれのフィルタの話の中では，確定的か確率的かで一貫していることが必要で，両者の間を行きつ戻りつでは支離滅裂，わけのわからないことになってしまうが，いったんでき上がった話をあらためて外から眺めてみると，支離滅裂ではない様式で両者融合する様子が見えるのである．少しばかり数式を使うが，コーヒーに添えられたケーキと思ってほしい．

状態推定とは，真の状態と推定状態との差，すなわち状態推定誤差がなるべく小さくなるような方法でシステムの状態を推定することであった．状態推定誤差を生じる要因は，対象システムにおける外生入力（システム雑音）と観測雑音である．これらの関係をまとめると**図1**となる．

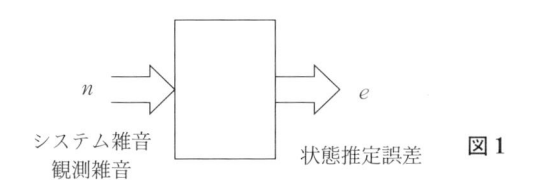

n → [ ] → e

システム雑音　　　　　　　　　状態推定誤差
観測雑音　　　　　　　　　　　　　　　　　　図1

箱の中には，対象システムと状態推定機構としてのフィルタが入っている．結局は，この箱が入力である雑音に対してなるべく鈍感であるようにしたいわけである．この「鈍感」の意味を具体的に考えることで，確定論と確率論の接点が見えてくる．

あえて本文とは逆に確率論から始めよう．入力（雑音）n を弱定常過程とし，そのパワースペクトル密度関数を Σ_n で表す．箱の伝達関数（行列）を B とすれば，出力（推定誤差）e の共分散はつぎの式で与えられる．

$$Ee(t)e(t)^T = \frac{1}{2\pi}\int_{-\infty}^{+\infty} B(j\omega)\Sigma_n(\omega)B(-j\omega)^T d\omega$$

また，この式のトレースをとれば，推定誤差 e の平均パワー $Ee(t)^T e(t)$ となる．ここでまず，Σ_n が単位行列（定数），すなわち雑音 n が白色雑音とわかっているとしよう．このとき，この推定誤差の共分散を行列として最小にするのがカル

マンフィルタである．推定誤差の平均パワーも最小になることはもちろんである．これは，雑音のスペクトルが既知で白色という理想の条件下の話である．つぎに，ある意味でその対極にある状況，すなわち雑音の素性についてなにも知らない場合を考えよう．ただし，雑音の平均パワーの上界だけはわかっているとし，それを1とする．

いま，伝達関数 B に対して

$$\|B\|_\infty := \sup_{-\infty < \omega < +\infty} \sqrt{\lambda_{\max} B(-j\omega)^T B(j\omega)}$$

のようなノルムを定義すると（$\lambda_{\max} M$：エルミート行列 M の最大固有値），$\|B\|_\infty^2$ は，推定誤差 e の平均パワーの上限であることが示せる．おおまかにいえば，「平均パワーが1を超えないあらゆる雑音の中で最悪の雑音に対応する推定誤差の平均パワーが $\|B\|_\infty^2$」ということである．

したがって，$\|B\|_\infty$ がなるべく小さくなるようにフィルタを設計するのが得策となる．これが実は H^∞ フィルタの正体なのである．名前の由来は，安定で上のようなノルムを定義できる伝達関数の全体（ハーディー空間と呼ばれるものの一つ）を H^∞ で表すことにある．

まったく同じ H^∞ フィルタを確定論によって特徴付けることもできる．雑音 n を確定的な時間関数とし，そのラプラス変換も同じ n で表そう．推定誤差 e についても同様とする．このとき，つぎのような「パーセバルの等式」が成り立つ．

$$\int_0^{+\infty} e(t)e(t)^T dt = \frac{1}{2\pi}\int_{-\infty}^{+\infty} B(j\omega)n(j\omega)n(-j\omega)^T B(-j\omega)^T d\omega$$

左辺は，推定誤差の「確定論的共分散」であり，トレースをとれば，推定誤差の「全エネルギー」となる．このときは，雑音の全エネルギーが1を超えないときの推定誤差の全エネルギーの上限が $\|B\|_\infty^2$ であるということがいえる．いずれにせよ $\|B\|_\infty$ をなるべく小さくするのがよいのである．となると，「$\|B\|_\infty$ を最小にせよ」といいたくなるが，この問題が容易に解けるのはわずかの場合だけであり，普通は定数 γ を決めて，「$\|B\|_\infty < \gamma$ にせよ」という問題が論じられる．

カルマンフィルタを確定論的に特徴付けることも可能である．本文4章にあるように，リカッチ方程式の解で重み付けされたエネルギーの最小化制御を想定するのがその一方法であるが，上と同様入口の所でもっと素朴に考えることもできる．それを考える楽しみは読者に残す．

＊＊＊＊＊＊＊＊＊＊ 演 習 問 題 ＊＊＊＊＊＊＊＊＊＊

【1】 状態次元が 1 のシステム

$$\frac{dx(t)}{dt} = -x(t) + u(t), \quad x(0) = x_0$$

$$y(t) = x(t) + v(t)$$

について，つぎの仕様を満足する H^∞ フィルタを，それぞれ求めよ．

① $\int_0^\infty |x(t) - \hat{x}(t)|^2 dt \leq \int_0^\infty (u(t)^2 + v(t)^2)dt + 2x_0^2$

② $x_0 = 0$ の条件下で

$$\int_0^\infty |x(t) - \hat{x}(t)|^2 dt \leq \frac{1}{2}\int_0^\infty (u(t)^2 + v(t)^2)dt$$

【2】 減衰振動系の状態方程式

$$\frac{d}{dt}\begin{bmatrix} x_1(t) \\ x_2(t) \end{bmatrix} = \begin{bmatrix} 0 & 1 \\ -3 & -1 \end{bmatrix}\begin{bmatrix} x_1(t) \\ x_2(t) \end{bmatrix}, \quad \begin{bmatrix} x_1(0) \\ x_2(0) \end{bmatrix} = \begin{bmatrix} x_{01} \\ x_{02} \end{bmatrix}$$

に対して，出力方程式が未知の入力（観測誤差）v を含むとする．

$$y(t) = \begin{bmatrix} 1 & 0 \end{bmatrix}\begin{bmatrix} x_1(t) \\ x_2(t) \end{bmatrix} + v(t)$$

このとき

$$x_{01}^2 + x_{02}^2 + \int_0^\infty v(t)^2 dt \leq 1$$

を満足する任意の初期状態 x_0 と入力 v に対して，誤差特性

$$\int_0^\infty |x_1(t) - \hat{x}_1(t)|^2 + |x_2(t) - \hat{x}_2(t)|^2)dt \leq 1$$

を保証する H^∞ フィルタを求めよ．

【3】 状態方程式と出力方程式

$$\frac{dx(t)}{dt} = Ax(t) + Bu(t), \quad x(0) = x_0,$$

$$y(t) = Cx(t) + v(t)$$

について，(A, B) が可制御で

$$C^T C - \gamma^{-2} W^T W = H^T H, \quad (H, A) \text{ は可観測}$$

であるような行列 H が存在すれば，$x_0 = 0$ の条件下で H^∞ フィルタが存在することを示せ．

5

2次確率変数と線形推定

　この章では，確率変数の 2 次積率を用いて状態推定問題を論じるための準備として，静的な推定問題を考える．すなわち複数の確率変数の中に観測可能なものがあるとき，それらの観測値をもとに観測できない確率変数の実現値を推定する問題を論じる．このような問題への接近は，一般に確率変数相互の関係をどのような形式で記述するかによってその方法が異なるが，二つの確率変数の「内積」を結合 2 次積率によって定義すると，そこから誘導される距離の概念と直交性の概念に基づいて，幾何学的に理解できる簡明な推定理論を構成することができる．確率に関係する事柄に関しては，確率変数の「期待値」または「平均値」の意味がわかれば読めるように書かれているが，それらについてなじみの薄い読者は，あらかじめ付録 H に目を通しておくとよい．

5.1　2 次 確 率 変 数

　確率変数 x が有限な 2 次積率 $\mathrm{E}x^2$ を持つとき，これを **2 次確率変数**（2nd-order random variable）と呼ぶ．ここに E は，確率変数に対して期待値をとる（平均値を求める）操作を表す．x と y をともに 2 次確率変数とすると，それらの結合 2 次積率 $\mathrm{E}xy$ が存在し，個々の 2 次積率との間につぎの不等式が成立する．

$$|\mathrm{E}xy| \leq (\mathrm{E}x^2)^{\frac{1}{2}} \cdot (\mathrm{E}y^2)^{\frac{1}{2}} \tag{5.1}$$

まずこれを証明しておこう．いま，$\mathrm{E}(ax + y)^2$ が任意の実数 a に対して非負

であることから，これを展開して得られる a に関する 2 次方程式

$$a^2 \mathrm{E}x^2 + 2a\mathrm{E}xy + \mathrm{E}y^2 = 0 \tag{5.2}$$

は実の重根を持つか，実根を持たないかのいずれかでなければならない。したがって判別式は 0 または負，すなわち不等式(5.1)が成立しなければならない。不等式(5.1)はコーシー・シュワルツの不等式またはコーシー・ブニヤコフスキーの不等式と呼ばれる。

いまから，二つの 2 次確率変数 x, y に対して，それらの間の相互依存性を結合 2 次積率によって特徴付けることを考えてみたい。簡単のため，

$$\mathrm{E}x = \mathrm{E}y = 0 \tag{5.3}$$

$$\mathrm{E}x^2 = \mathrm{E}y^2 = 1 \tag{5.4}$$

と仮定する。あるいは，あらかじめ平均を差し引いた後，2 次積率の平方根で割ることによって規格化したものを扱っていると考えてもよい。また

$$\rho = \mathrm{E}xy \tag{5.5}$$

とおく。このとき，不等式(5.1)から $-1 \leqq \rho \leqq 1$ でなければならないが，ここではこのような定数 ρ が具体的にとる値の持つ意味を明らかにしたい。そのために，実数 θ を $(-\pi, \pi)$ から適当に選ぶことによって

$$J(\theta) := \mathrm{E}(x \sin \theta - y \cos \theta)^2 \tag{5.6}$$

を最小にすることを考える。これは，「x-y 平面」において，x と y の関係を傾き $\tan \theta$ の直線をもって最良に近似する問題である。極端な場合として，$J(\theta)$ の値が 0 になったとすると，チェビシェフの不等式（付録 H）により，これは

$$x \sin \theta - y \cos \theta = 0 \tag{5.7}$$

の成立しない確率が 0 であることを意味する。このようなとき，x と y は**ほとんど確実**（almost surely）に線形の関係(5.7)で結ばれているという。さて，式(5.6)の右辺を展開し，式(5.4)と(5.5)を用いて整理すると，つぎのようになる。

$$J(\theta) = 1 - \rho \sin 2\theta \tag{5.8}$$

これから，$\rho < 0$ のときは $\theta = -\pi/4$，$\rho > 0$ のときは $\theta = \pi/4$ がそれぞれ

J の最小値 $(1-|\rho|)$ を与えることがわかる。すなわち，$\rho \neq 0$ なるときは，その正負に応じて傾き 1 または -1 の直線をあてはめるのが上記の意味で最良の近似となる。あてはめの精度を J の最小値 $(1-|\rho|)$ によって評価するなら，ρ の絶対値が 1 に近いほど精度は高いということになる。また $\rho = 0$ のときは J は θ に無関係となり，x と y の間に特定の線形的依存関係を見いだすことはできない。この意味で，定数 ρ は二つの確率変数の相互依存性の強さを測る尺度になっていると考えることができる。図 5.1 に，結合的正規確率変数の場合について，等確率密度線の例を示す。$\rho = 0$ のときは等確率密度線は円であるのに対し，$\rho > 0$ のときは楕円となり，x と y の従属関係を確定論的に近似する傾き 1 の直線を見てとることができる。また，等確率密度の楕円は ρ が大きいほど偏平になり，傾き 1 の直線との整合性が向上する。

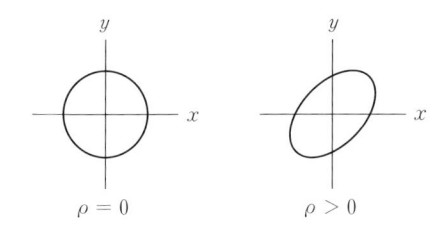

図 5.1 等確率密度の楕円と ρ の関係

上の議論において，零平均の仮定(5.3)は，正規確率変数を引用した上の例を除いて，どこにも使用されていないことに注意する。すなわち，二つの確率変数の相互依存性の尺度として定数 ρ を用いることは，平均値とは無関係に正当化されているのである。ただし零平均でないとき，それによる確定論的な偏りをも含めた相互依存関係が評価されているということを知っておくことは有益であろう。例えば，x と y が結合的正規確率変数でともに平均が $1/\sqrt{3}$ で分散は $2/3$，また共分散は $-1/3$ であるとする。このとき ρ は 0 であり，この意味で x と y は「たがいに無関係」というのがさしあたっての結論である。いい換えれば，x と y の関係を上の意味で最良に近似する線形関数を一つに定めることはできない。そしてこの結論は，平均値を考慮しない約束のもとで

は正しい。ところが，**図 5.2** の等確率密度線が示すように，平均を表す点 ($1/\sqrt{3}$, $1/\sqrt{3}$) からの偏差に着目すると，そこには明確な相互依存関係を見てとることができる。実際，各々の確率変数を規格化してから議論した結果は，$\rho = -1/2 \neq 0$ である。このような事情から，平均値を知っている場合には，このような確定論的成分を除いて考えるのが通例である。

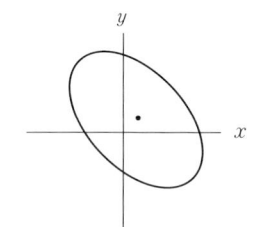

図 5.2 非零平均で $\mathrm{E}xy = 0$ となる結合確率密度の例

平均値 0，分散 1 となるように規格化されたあとの確率変数 x, y に対し，式 (5.5) によって定義される定数 ρ は**相関係数** (correlation coefficient) と呼ばれる。相関係数 ρ を一般の 2 次確率変数 x, y について直接に定義すれば

$$\rho = \frac{\mathrm{E}(x - \mathrm{E}x)(y - \mathrm{E}y)}{(\mathrm{E}(x - \mathrm{E}x)^2 \cdot \mathrm{E}(y - \mathrm{E}y)^2)^{\frac{1}{2}}} \tag{5.9}$$

となる。ただし，ともに分散が 0 でないことを前提とする。共分散が 0，したがって ρ が 0 のとき，x と y はたがいに**無相関** (uncorrelated) であるという。

5.2　内積空間と直交射影の定理

2 次確率変数の全体を考え，これを X で表してみよう。すなわち，$x \in X$ と書けば x が一つの 2 次確率変数であることを意味する。二つの確率変数がともに有限の 2 次積率を持てば，それらの線形結合もまた有限の 2 次積率を持つ。いい換えれば，$x \in X$ および $y \in X$ であるならば，任意の実数 a, b に対して $ax + by \in X$ である。したがって X は実線形空間である。さらに x と y との内積を $\mathrm{E}xy$ によって定義すれば，X は**内積空間** (inner product space) となる。内積空間においては，x とそれ自身の内積すなわち x の 2 次

積率の平方根が x のノルムである．内積とノルムは，しばしば $\langle \cdot , \cdot \rangle$ ，$\| \cdot \|$ のような記号を用いてそれぞれ表される．すなわち

$$\langle x, y \rangle := \mathrm{E} xy \tag{5.10}$$

$$\|x\| := (\langle x, x \rangle)^{\frac{1}{2}} \tag{5.11}$$

x と y が $\mathrm{E}(x-y)^2 = 0$ なる関係にあることを「$x = y$」と書く．このとき，チェビシェフの不等式（H.21）によれば，実際に $\{x \neq y\}$ の確率は 0 である．なお定数 c は，$\mathrm{E}(\gamma - c)^2 = 0$ なる $\gamma \in X$ と同一視すれば，一つの 2 次確率変数である．このような内積空間を導入することによって，以下に見るように，二つの確率変数の相互関係を幾何学的に捉えることができる．

まず，X におけるノルムに関してよく用いられる不等式がコーシー・シュワルツの不等式(5.1)を用いて導かれる．

$$\|x + y\| \leq \|x\| + \|y\| \tag{5.12}$$

これは，三角形の 1 辺の長さは他の 2 辺の長さの和を超えないことを表したもので，三角不等式と呼ばれている．つぎに，x と y の内積が 0 のときそれらの関係を**直交**（orthogonal）という．特に，二つの 2 次確率変数がともに零平均のとき，それらが直交することは無相関であることと等価である．X における「2 点」x，y および「点 0」によって作られる「三角形」が直角三角形であることと，等式

$$\|x - y\|^2 = \|x\|^2 + \|y\|^2 \tag{5.13}$$

が成立することとはたがいに等価である．すなわち，「三平方の定理」が成立する（**図 5.3**）．さらに，X の一つの部分空間を Y とする．直交性の概念を用いると，Y の中にあって $x \in X$ にノルムの意味で最も近い確率変数を，幾何学的につぎのように特徴付けることができる（Kalman and Bucy, 1961[10]）．

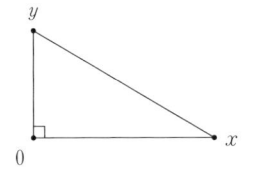

図 5.3 空間 X における直角三角形

【直交射影の定理】 $x \in X$, $y_0 \in Y$ とする。このとき $x - y_0$ がすべての $y \in Y$ と直交するならば

$$\|x - y_0\| \leqq \|x - y\|, \quad y \in Y \tag{5.14}$$

が成立する。逆も成り立つ。

証明 はじめに任意の $y \in Y$ をとり，$x - y_0$ が y と直交することを仮定する。$y_0 - y \in Y$ が $x - y_0$ と直交することを用いると，つぎの等式を得る。

$$\mathrm{E}(x - y_0 + y_0 - y)^2 = \mathrm{E}(x - y_0)^2 + \mathrm{E}(y_0 - y)^2$$

右辺第2項は非負であるから，不等式(5.14)が成立する。つぎに，逆を示すため，$x - y_0$ がある $y_1 \in Y$ と直交しないことを仮定する。一般性を損なうことなく $\mathrm{E}y_1^2 = 1$ としておく。$\mathrm{E}(x - y_0) y_1 = \varepsilon$ とおき，$y_2 := y_0 + \varepsilon y_1 \in Y$ をとると

$$\mathrm{E}(x - y_2)^2 = \mathrm{E}(x - y_0)^2 - \varepsilon^2$$

となり，不等式(5.14)が成立しない。 △

直交射影（orthogonal projection）の定理は，図 5.4 に見るように，「2次元平面の点 P から直線 l に下ろした垂線の足 Q_0 は l 上にあって点 P に最も近い点であり，逆も成り立つ。」という初等幾何学の定理の抽象化になっている。x と P，y_0 と Q_0 がそれぞれ対応する。後で示すように，部分空間 Y を適切に定義することにより，推定問題の一つの解を直交射影の定理から得ることができる。

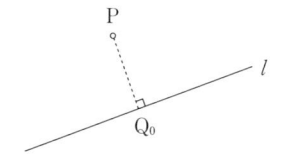

図 5.4 平面における直交射影の定理

5.3 2次確率変数列の収束

空間 X からとった（確率変数の）列 x_0, x_1, x_2, … に対して

$$\lim_{n \to +\infty} \mathrm{E}(x_n - x)^2 = 0 \tag{5.15}$$

となるような $x \in X$ があるとき，列 $\{x_n\}$ は x に**2乗平均収束** (convergent in the mean square) であるといい

$$\underset{n \to +\infty}{\mathrm{l.i.m.}} x_n = x \tag{5.16}$$

と書く．左辺の記号は，"limit in the mean" を意味する．これは，空間 X におけるノルムの意味での収束であって，平均値どうしの差が 0 に収束するのではないことに注意しなければならない．ちなみに，チェビシェフの不等式 (H.21) によれば，式(5.15)が成立することは，任意の $\varepsilon > 0$ に対して等式

$$\lim_{n \to +\infty} \mathrm{P}(|x_n - x| > \varepsilon) = 0 \tag{5.17}$$

が成立すること，すなわち**確率収束** (convergence in probability) をも意味する．したがって，2乗平均収束は確率収束より強い収束概念である．α と β を任意の実数とするとき，2乗平均収束に関して，等式

$$\underset{n \to +\infty}{\mathrm{l.i.m.}}(\alpha x_n + \beta y_n) = \alpha \underset{n \to +\infty}{\mathrm{l.i.m.}} x_n + \beta \underset{n \to +\infty}{\mathrm{l.i.m.}} y_n \tag{5.18}$$

が成立する．これは，三角不等式(5.12)から明らかである．

2乗平均収束において，平均操作と極限移行とが交換することを示す等式

$$\lim_{n \to +\infty} \mathrm{E} x_n = \mathrm{E} x \tag{5.19}$$

が成立するのを見るのは容易である．コーシー・シュワルツの不等式(5.1)より，つぎの不等式が成立するからである．

$$|\mathrm{E}(x_n - x)|^2 \leq \mathrm{E}(x_n - x)^2 \tag{5.20}$$

このとき，式(5.19)の左辺の極限値が存在することもあわせて保証されていることがわかる．また，三角不等式(5.12)において x を $x_n - x$ に，また y を x にそれぞれ置き換えると，$n > N$ なるすべての n に対して $\mathrm{E} x_n^2 < M$ となるような，正数 M と整数 N がとれることがわかる．これから，$\{x_n\}$ と $\{y_n\}$ がそれぞれ x と y に2乗平均収束するなら，不等式

$$|\mathrm{E}(x_n y_n - xy)| \leq (\mathrm{E} x_n^2 \mathrm{E}(y_n - y)^2)^{\frac{1}{2}} + (\mathrm{E}(x_n - x)^2 \mathrm{E} y^2)^{\frac{1}{2}} \tag{5.21}$$

より，つぎの式が得られる．

$$\lim_{n \to +\infty} \mathrm{E} x_n y_n = \mathrm{E} xy \tag{5.22}$$

この式は，式(5.19)を特別の場合として含んでいる．

2次確率変数の列 $\{x_n\}$ がつぎの性質を持つとき，これを**コーシー列**(Cauchy sequence) と呼ぶ．

$$\lim_{n, m \to +\infty} \mathrm{E}(x_n - x_m)^2 = 0 \tag{5.23}$$

2乗平均収束する確率変数列がコーシー列であることは簡単にわかる．一方，X におけるコーシー列は X に極限を持つこと，すなわち空間 X は2次積率に基づくノルムに関して完備であることが知られている．したがって，空間 X においては，収束列とコーシー列は同義である．等式

$$\mathrm{E}(x_n - x_m)^2 = \mathrm{E} x_n x_n - 2\mathrm{E} x_n x_m + \mathrm{E} x_m x_m \tag{5.24}$$

から，n と m をどのような方法で限りなく大きくしても $\mathrm{E} x_n x_m$ が一定値に収束するならば，列 $\{x_n\}$ はコーシー列をなす．逆に列 $\{x_n\}$ がコーシー列なら，n と m をどのような仕方で限りなく大きくしても，式(5.24)の左辺は0に収束し，右辺第1項と第3項はともに一定値 $\mathrm{E} x^2$ に収束するから，$\mathrm{E} x_n x_m$ も一定値 $\mathrm{E} x^2$ に収束する．こうして，$\mathrm{E} x_n x_m$ が収束することが，$\{x_n\}$ が2乗平均収束するための必要十分条件であることがわかる．これは**ロエーブの収束判定法**（Loève criterion）として知られている．

5.4 線形推定問題

ここに $n+1$ 個の2次確率変数 $x, y_1, \cdots, y_n$ があり，このうち x は直接には観測できず，残りの n 個が観測可能であるとしよう．このとき推定問題とは

$$\hat{x} = f(y_1, \cdots, y_n) \tag{5.25}$$

によって与えられる推定値 $\hat{x}$ がなんらかの意味で x を最もよく近似するような，関数 f を求めるものである．特に f を線形関数に限定し

$$\hat{x} = k_1 y_1 + \cdots + k_n y_n \tag{5.26}$$

としたとき，これを**線形推定問題** (linear estimation problem) という．ここでは，推定誤差の2乗平均値

$$\mathrm{E}(x - \hat{x})^2 \tag{5.27}$$

を評価関数とする線形推定問題について考える．

いま，n 個の実数 $a_1, \cdots, a_n$ を任意にとって，線形結合

$$a_1 y_1 + \cdots + a_n y_n \tag{5.28}$$

を作ると，これは一つの2次確率変数となる．このような確率変数の全体を Y で表せば，Y は $y_1, \cdots, y_n$ によって生成される，X の部分空間である．これから，上で定式化した線形推定問題は，Y の中にあって $x \in X$ に最も近い「点」を求める問題となる．よって直交射影の定理から，最良の推定値は「x から Y に下ろした垂線の足 $\hat{x}$（図5.5）」である．すなわち，推定式(5.26)が最良であるならば，**直交性の条件**（orthogonality condition）

$$\mathrm{E}(x - \hat{x})y = 0, \quad y \in Y \tag{5.29}$$

を満足しなければならず，逆に推定式(5.26)が条件(5.29)を満足すればそれは最良である．条件(5.29)が意味するところの，推定誤差が空間 Y と直交するということは，推定値 $\hat{x}$ の中に Y から得られる新しい情報はもはや含まれていないことであると解釈することができる．

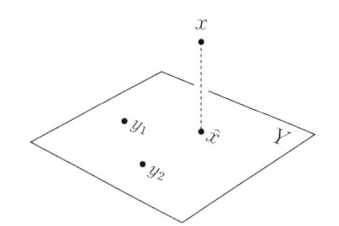

図 5.5 直交射影による推定の概念図（$n = 2$）

さて，部分空間 Y は有限個の確率変数 $y_1, \cdots, y_n$ から生成されるのであるから，式(5.29)が成立することと

$$\mathrm{E}(x - \hat{x})y_i = 0, \quad i = 1, \cdots, n \tag{5.30}$$

が成立することとは等価である．これに式(5.26)を代入すると，最適な係数が満足すべき連立方程式

$$\mathrm{E}xy_1 = k_1 \mathrm{E}y_1 y_1 + \cdots + k_n \mathrm{E}y_n y_1$$
$$\vdots \qquad (5.31)$$
$$\mathrm{E}xy_n = k_1 \mathrm{E}y_1 y_n + \cdots + k_n \mathrm{E}y_n y_n$$

を得る.逆に,この連立方程式を満足する $k_1, \cdots, k_n$ は最適な係数である.

方程式(5.31)はいつでも解を持つ.以下これについて述べるが,そのための準備として,まず部分空間 Y の次元に関する考察をしておく.一般に,確率変数の組 $\eta_1, \cdots, \eta_l \in X$ が線形独立であるとは,これらの線形結合が

$$\mathrm{E}(a_1 \eta_1 + \cdots + a_l \eta_l)^2 = 0 \qquad (5.32)$$

を満足するのは $a_1 = \cdots = a_l = 0$ のときに限ることであると定義する.ちなみに式(5.32)の左辺は

$$[a_1 \cdots a_l] \begin{bmatrix} \mathrm{E}\eta_1\eta_1 & \cdots & \mathrm{E}\eta_1\eta_l \\ & \cdots & \\ \mathrm{E}\eta_l\eta_1 & \cdots & \mathrm{E}\eta_l\eta_l \end{bmatrix} \begin{bmatrix} a_1 \\ \vdots \\ a_l \end{bmatrix} \qquad (5.33)$$

の形に書くことができる.したがって,$\eta_1, \cdots, \eta_l$ が線形独立であるための必要十分条件は,式(5.33)に現れた準正定対称行列が正則(すなわち正定)なることである.いま,$y_1, \cdots, y_n$ から線形独立となるように選ぶことのできる確率変数の最大個数を m とする.すなわち,Y を m 次元空間と仮定するのである.一般性を失うことなく,はじめの m 個,すなわち $y_1, \cdots, y_m$ が線形独立であるとする.すると,まず行列

$$\begin{bmatrix} \mathrm{E}y_1 y_1 & \cdots & \mathrm{E}y_1 y_m \\ & \cdots & \\ \mathrm{E}y_m y_1 & \cdots & \mathrm{E}y_m y_m \end{bmatrix} \qquad (5.34)$$

が正則であることから,方程式(5.31)のはじめの m 個の等式からなる方程式

$$\mathrm{E}xy_1 = k_1 \mathrm{E}y_1 y_1 + \cdots + k_n \mathrm{E}y_n y_1$$
$$\vdots \qquad (5.35)$$
$$\mathrm{E}xy_m = k_1 \mathrm{E}y_1 y_m + \cdots + k_n \mathrm{E}y_n y_m$$

を満足する $k_1, \cdots, k_n$ が少なくとも一組存在する.つぎに m の定義から $y_1,$

…, y_{m+1} は線形独立でないので

$$\mathrm{E}(a_1 y_1 + \cdots + a_m y_m + a_{m+1} y_{m+1})^2 = 0 \tag{5.36}$$

が成立するような実数の組 a_1, …, a_{m+1} が存在し，このうち少なくとも a_{m+1} は 0 ではない．もし $a_{m+1} = 0$ であるとすると，y_1, …, y_m の線形独立性によって残りもすべて 0 でなくてはならないからである．これから方程式(5.31)の第 $m+1$ 式の成立を示すため，仮に適当な実数 ε を用いて

$$\mathrm{E} x y_{m+1} = k_1 \mathrm{E} y_1 y_{m+1} + \cdots + k_n \mathrm{E} y_n y_{m+1} + \varepsilon \tag{5.37}$$

と書いておく．式(5.36)の左辺の（ ）の中身を z_{m+1} と書くことにし，方程式(5.35)の各等式の両辺に順次 a_1, …, a_m を，また式(5.37)の両辺に a_{m+1} を乗じて辺々加え合わせると，つぎの等式を得る．

$$\mathrm{E} x z_{m+1} = k_1 \mathrm{E} y_1 z_{m+1} + \cdots + k_n \mathrm{E} y_n z_{m+1} + a_{m+1} \varepsilon \tag{5.38}$$

ここで，$\mathrm{E} z_{m+1}^2 = 0$ であるから，コーシー・シュワルツの不等式(5.1)により式(5.38)の右辺最終項を除く各項は 0 であることがわかる．したがって，右辺最終項も 0，すなわち $\varepsilon = 0$ でなければならない．よって，方程式(5.35)の非唯一解として得られる k_1, …, k_n は，方程式(5.31)の第 $m+1$ 式を満足する．第 $m+2$ 式以降についても同様である．こうして，方程式(5.31)を満足する k_1, …, k_n の存在が示された．ただし，$m = n$ の場合を除いて一意ではなく，それらはすべて最適な係数になるのである．それらの中に，特に $k_{m+1} = \cdots = k_n = 0$ となるものがある．推定式(5.26)はこのような係数を用いたときにも最良の推定式になっているのであるから，観測可能な確率変数のうち y_{m+1}, …, y_n はもともと不要であったということになる．観測可能な確率変数 y_1, …, y_n がはじめから線形独立となるように選ばれていたなら，すなわち Y の次元が n であるなら，方程式(5.31)は最適な係数を一意に定める．Y の次元の大きさは，観測データ y_1, …, y_n が x に関して持っている情報量の尺度になっていると考えることもできる．

最も簡単な $n = 1$ の場合について，推定問題の解を確認しておこう．y_1 を単に y と書き，また k_1 も単に k と書く．このとき，解くべき問題は，x を最もよく推定する線形関数

$$\hat{x} = ky \tag{5.39}$$

を求めることである。係数 k は，$n=1$ に対する方程式 (5.31) を解いてつぎのように求められる。

$$k = \frac{\mathrm{E}xy}{\mathrm{E}yy} \tag{5.40}$$

ちなみに，x と y が等式 (5.4) および (5.5) を満足するなら，$k=\rho$ となる。また，推定誤差分散 $\mathrm{E}(x-\hat{x})^2$ は $1-\rho^2$ となり，ρ が 1 に近いほど最良推定の精度が高くなることがわかる。ところで，こうして得られる線形推定の式は，$|\rho|=1$ の場合を除いては，評価式 (5.6) の最小化により求めた直線の式とは一致しない。原因の解明は演習として読者に残す。

例 5.1　線 形 推 定

図 5.6 は，立木の高さを三角法によって測定する様子を示す。測定の対象となり得る木の高さ x の 2 次積率 $Q>0$ が統計的に知られているものとする。1 本の木に対し，n 人の観測者による n 個の測定値 $y_1, \cdots, y_n$ が得られるものとし，誤差を含んだこれらの測定値から x を推定する問題を考える。測定の誤差をそれぞれ $e_1, \cdots, e_n$ で表せば，x と $y_1, \cdots, y_n$ の間の関係をつぎのように書くことができる。

$$y_i = x + e_i, \quad i=1, \cdots, n \tag{5.41}$$

ここで，x を 2 次積率 Q を持った確率変数と見なし，$e_1, \cdots, e_n$ は零平均で共通の分散 $R>0$ を持ち，たがいに無相関かつ x とも無相関な確率変数と考える。すなわち，つぎの等式が成立するものとする。

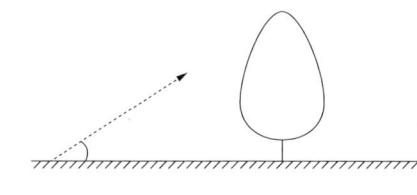

$$\mathrm{E}xx = Q$$
$$\mathrm{E}(x - \mathrm{E}x)e_i = \mathrm{E}xe_i = 0 \tag{5.42}$$

図 5.6　立木の高さの測定

$$\mathrm{E}e_ie_j = R\delta_{ij}$$

ここに，δ_{ij} はクロネッカーのデルタ記号である。

問題をこのように定式化することにより，上の方法で解決できる。すなわち

$$\mathrm{E}xy_i = Q,$$
$$\mathrm{E}y_iy_j = \begin{cases} Q + R & (i = j) \\ Q & (i \neq j) \end{cases} \tag{5.43}$$

より，推定式(5.26)の係数 $k_1, \cdots, k_n$ を定める方程式(5.31)はつぎのような形になる。

$$\begin{bmatrix} Q \\ \vdots \\ Q \end{bmatrix} = \begin{bmatrix} Q + R & \cdots & Q \\ & \ddots & \\ Q & \cdots & Q + R \end{bmatrix} \begin{bmatrix} k_1 \\ \vdots \\ k_n \end{bmatrix} \tag{5.44}$$

右辺の行列の対角要素はすべて $Q + R$，他の要素はすべて Q である。これから，つぎのような係数が得られる。

$$k_1 = \cdots = k_n = \frac{Q}{nQ + R} \tag{5.45}$$

これを式(5.26)に代入すると，推定式

$$\widehat{x} = \frac{Q}{nQ + R}(y_1 + \cdots + y_n) \tag{5.46}$$

が得られる。$Q/R \to \infty$ のとき，右辺は測定値の算術平均に漸近することがわかる。木の高さの散らばり具合が著しいとき，測定値の算術平均を用いるふつうの方法がこれによって正当化される。

ここで，推定精度について調べてみよう。推定値 $\widehat{x}$ が推定誤差 $x - \widehat{x}$ と直交することにより，$\mathrm{E}(x - \widehat{x})(x - \widehat{x}) = \mathrm{E}xx - \mathrm{E}\widehat{x}x$ であることを用いると，推定誤差の2乗平均値がつぎのように求められる。

$$\mathrm{E}(x - \widehat{x})^2 = Q\left(1 - \frac{nQ}{nQ + R}\right) \tag{5.47}$$

推定値 $\widehat{x}$ が n に依存することを表すために $\widehat{x}_n$ と書くことにすると，上の式からただちに，つぎのことがわかる。

$$\mathop{\text{l.i.m.}}_{n\to+\infty} \hat{x}_n = x \tag{5.48}$$

これは，測定者の人数を増やすことによって，推定の精度をいくらでも上げることができることを示している．ちなみに，ふつう用いられるところの，算術平均による推定値

$$\bar{x}_n := \frac{y_1 + \cdots + y_n}{n} \tag{5.49}$$

は，上の意味においては最良ではないが，これも $n \to +\infty$ のとき x に2乗平均収束する．その証明は読者の演習に委ねる．

5.5 不偏推定

上に述べた推定の理論においては，確率変数の平均値に触れることなく議論が行われた．すなわち，上で述べたことは，平均値とは無関係に正しいのである．しかしながら，一般に推定問題においては，推定誤差の2乗平均を最小にするだけでなく，もう一つ新たな条件が課されることが多い．それは推定の不偏性という条件である．一般に，推定値はそれ自身も確率変数であることに注意しよう．**不偏推定**（unbiased estimation）とは，推定される確率変数と同じ平均値を持った推定値が得られる推定のことである．上の例題においては，推定式(5.49)は不偏であるが，推定式(5.46)は x が零平均でない限り不偏ではない．

一般に，式(5.26)による推定が不偏推定であるためには

$$\text{E}x = k_1 \text{E}y_1 + \cdots + k_n \text{E}y_n \tag{5.50}$$

が成立しなければならない．これは一種の拘束条件であり，推定誤差の最小化に際してこの条件を課すことは，方程式(5.31)がたまたまこれに整合する解を持つ場合を除けば，その分だけ推定精度を犠牲にすることになる．しかしながら，以下で述べるように，この問題は推定式(5.26)に定数項を追加することによって簡単に解決する．

推定式(5.26)の代わりにつぎのような推定式を考える。

$$\hat{x} = k_0 + k_1 y_1 + \cdots + k_n y_n \tag{5.51}$$

このようにすることは，x を部分空間 Y に射影する代わりに，1という定数を基底とする部分空間 $\{1\}$ と Y との直積空間 $Y_0 := \{1\} \times Y$ の上に射影することに相当する。したがって，直交性の条件として

$$\mathrm{E}(x - \hat{x})y_i = 0, \quad i = 1, \cdots, n \tag{5.30}$$

に加えてつぎの式が課される。

$$\mathrm{E}(x - \hat{x})1 = 0 \tag{5.52}$$

結果としてこの等式が，推定式(5.51)の不偏性を保証することになる。このようにすると，直交射影が Y と同等もしくはより大きな部分空間に対して行われるので，推定式(5.26)とくらべて同等またはより高い推定精度が得られる。式(5.51)を式(5.52)と(5.30)に代入すると，方程式(5.31)に代わる方程式として

$$\begin{aligned}
\mathrm{E}x &= k_0 \quad\quad + k_1 \mathrm{E} y_1 \quad + \cdots + k_n \mathrm{E} y_n \\
\mathrm{E}x y_1 &= k_0 \mathrm{E} y_1 + k_1 \mathrm{E} y_1 y_1 + \cdots + k_n \mathrm{E} y_n y_1 \\
&\vdots \\
\mathrm{E}x y_n &= k_0 \mathrm{E} y_n + k_1 \mathrm{E} y_1 y_n + \cdots + k_n \mathrm{E} y_n y_n
\end{aligned} \tag{5.53}$$

が得られる。解の存在は，方程式(5.31)と同じ方法で示すことができる。方程式(5.53)の第1式からわかるように，不偏推定を行うには，先験的データとして各々の確率変数の平均値を知っていることが必要である。

上の5.1節後半において，確率変数の零でない平均値がもたらす確定論的な偏りについて考察した。そのとき用いた例について，不偏推定の問題を考えてみよう。前掲の例においては，x と y は結合的正規確率変数で，ともに平均値は $1/\sqrt{3}$，分散は $2/3$，また共分散は $-1/3$ であった。これより，$\mathrm{E}x^2 = \mathrm{E}y^2 = 1$，$\mathrm{E}xy = 0$ であるから，平均値を無視する推定理論による最良推定は $\hat{x} = 0$ である。これに対し，平均値を知ったうえでの不偏推定はこれと異なる結果を導く。その導出および推定誤差に関する上との比較は，演習として読者に

残す。

********** 演 習 問 題 **********

【1】 x を 2 次確率変数とし，$e_1, \cdots, e_n$ をつぎのような確率変数の組とする。
$$E e_i e_j = \delta_{ij}, \quad i = 1, \cdots, n, \quad j = 1, \cdots, n$$
このとき，x と
$$\hat{x} := k_1 e_1 + \cdots + k_n e_n$$
との距離 $\sqrt{E(x-\hat{x})^2}$ が最も小さくなるのは，$k_i = E x e_i$ のときであることを示せ。

【2】 0 平均の 2 次確率変数列 $\{x_n, n = 0, 1, \cdots\}$ が確率変数 x に 2 乗平均収束するものとする。ある 2 次確率変数 r に対し，すべての x_n がこれと無相関であるなら，x は r と無相関であることを示せ。

【3】 平均値と分散が番号 n によらず，番号の異なるものどうしが無相関であるような 2 次確率変数の列 $\{x_n, n = 0, 1, \cdots\}$ について，$E x_n < 0$ ならば，任意の $\varepsilon > 0$ に対し
$$\lim_{n \to \infty} P\left(0 < e^{x_0 + \cdots + x_n} < \varepsilon\right) = 1$$
が成立すること ($e^{x_0 + \cdots + x_n}$ が 0 に確率収束) を示せ。

6

確率システムの数理モデル

　時間の経過に伴って変化する不確定現象を記述する手段として，時刻のパラメータを持つ確率変数，すなわち確率過程が有効である．この章では，白色雑音と呼ばれる，ある意味で最も高い不規則性を持つ確率過程を考え，それを入力とする線形システムの統計的挙動を調べる．その結果はまた，さまざまな確率過程の特性を表現するための手段として，このような線形モデルが利用できることをも示唆する．

6.1 2次確率過程

　時刻を表す実数の集合として開区間 T をとり，時刻 $t \in T$ と標本点 $\omega \in \Omega$ との2変数関数 $x: T \times \Omega \to R$ を考える（付録Hを参照）．各 $t \in T$ について $x(t, \cdot)$ が2次確率変数であるとき，x を **2次確率過程** (2nd-order stochastic process) または単に2次過程と呼ぶ．以下，各 t に対して定まる確率変数 $x(t, \cdot)$ を簡単に $x(t)$ と記す．一方，各 $\omega \in \Omega$ に対して時間関数 $x(\cdot, \omega)$ が定まる．これを x の **標本関数** (sample function) と呼ぶ．2次確率変数と同様に，平均値と分散が

$$m_x(t) := \mathrm{E}x(t), \quad t \in T \tag{6.1}$$

$$v_{xx}(t) := \mathrm{E}(x(t) - \mathrm{E}x(t))^2, \quad t \in T \tag{6.2}$$

によって定義されるが，これらは一般に時刻 t の関数である．また

$$r_{xx}(t, l) := \mathrm{E}(x(t) - \mathrm{E}x(t))(x(l) - \mathrm{E}x(l)) \tag{6.3}$$

によって定義される2変数関数 r_{xx} を，x の**自己相関関数** (autocorrelation function) と呼ぶ．さらに，x ともう一つの2次確率過程 y との間に定義されるところの

$$r_{xy}(t,\ l) := \mathrm{E}(x(t) - \mathrm{E}x(t))(y(l) - \mathrm{E}y(l)) \tag{6.4}$$

を x と y との**相互相関関数** (cross-correlation function) と呼ぶ．定義から，r_{xx} は r_{xy} の特別な形式，また v_{xx} は r_{xx} の特別な形式である．平均値関数 m_x が時刻 t に無関係で，なおかつ自己相関関数 r_{xx} が $t - l$ にのみ依存して $r_{xx}(t - l)$ の形に書けるとき，x を**弱定常** (wide-sense stationary) 2次過程と呼ぶ．「弱」という接頭辞は，定常性の特徴付けが1次および2次の積率のみに基づくことに由来する．

複数の2次過程 $x_1, \cdots, x_n$ を同時に考察する場合には，ベクトル表現

$$x(t) := \begin{bmatrix} x_1(t) \\ \vdots \\ x_n(t) \end{bmatrix} \tag{6.5}$$

を用いることができる．この場合，平均値関数は形式的に式(6.1)と同じに

$$m(t) := \begin{bmatrix} \mathrm{E}x_1(t) \\ \vdots \\ \mathrm{E}x_n(t) \end{bmatrix} \tag{6.6}$$

と定義されるのに対し，自己相関関数は

$$R(t,\ l) := \begin{bmatrix} \mathrm{E}\tilde{x}_1(t)\tilde{x}_1(l) & \cdots & \mathrm{E}\tilde{x}_1(t)\tilde{x}_n(l) \\ & \cdots & \\ \mathrm{E}\tilde{x}_n(t)\tilde{x}_1(l) & \cdots & \mathrm{E}\tilde{x}_n(t)\tilde{x}_n(l) \end{bmatrix} \tag{6.7a}$$

のようになり，各成分の相互相関関数を含む．ただし

$$\tilde{x}_i(t) := x_i(t) - \mathrm{E}x_i(t) \tag{6.7b}$$

とおいた．ベクトルと行列の記法を用いれば

$$R(t,\ l) = \mathrm{E}(x(t) - m(t))(x(l) - m(l))^T \tag{6.8}$$

と書くことができる．x を実ベクトルの値をとる確率過程と見なして，「2次

過程 x」などということもある。上と同様, m が一定値をとり, R が差 $t-l$ のみの関数であるとき, 2 次過程 $x_1, \cdots, x_n$ は弱定常, または 2 次過程 x は弱定常であるという。今後, 2 次過程 x が実数の値をとるか実ベクトルの値をとるかについては, その区別が重要である場合にのみ明記することにする。

例 6.1　2 次過程 ①

平均値が 0, 分散が 1 で無相関な 2 次確率変数の列 $\cdots, \beta_{-1}, \beta_0, \beta_1, \beta_2, \cdots$ をとり, 各実数 t に対して

$$u(t) = \sum_{k=-\infty}^{\infty} \beta_k \pi(t-k) \tag{6.9}$$

とおく。ただし, π はつぎのような関数を表す。

$$\pi(t) := \begin{cases} 1 & (0 \leq t < 1) \\ 0 & (t < 0 \text{ または } t \geq 1) \end{cases} \tag{6.10}$$

このとき u は $m_u \equiv 0$ なる 2 次確率過程である。自己相関関数は

$$r_{uu}(t, l) = \begin{cases} 1 & \begin{pmatrix} k \leq t < k+1 \text{ かつ } k \leq l < k+1 \\ \text{なる整数 } k \text{ が存在するとき} \end{pmatrix} \\ 0 & （上記以外のとき） \end{cases} \tag{6.11}$$

となる。u の一つの標本関数を図 6.1 に例示する。

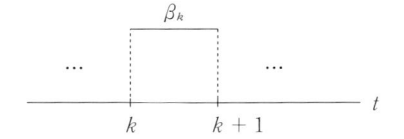

図 6.1　ある ω に対応する時間関数 $u(\cdot, \omega)$

例 6.2　2 次過程 ②

上と同じ 2 次確率変数列 $\{\beta_k\}$ に加えて, 区間 $[0, 1]$ に値をとる確率変数 θ を考える。各 i, j に対して, β_i, β_j および θ の結合確率密度が存在して

$$p_{\beta_i \beta_j \theta}(\xi_1, \xi_2, \chi) = p_\beta(\xi_1) p_\beta(\xi_2) p_\theta(\chi) \tag{6.12}$$

の形に書けるものとする。ここに, p_β は平均値 0 で 2 次積率 1 の確率密度関数, また p_θ は $[0, 1]$ 上の一様密度関数である。このとき, 確率過

程 v を
$$v(t) = \sum_{k=-\infty}^{\infty} \beta_k \pi(t-k-\theta), \quad -\infty < t < +\infty \quad (6.13)$$
によって定義すると，u と同様平均値は t によらず 0 となる．一方，自己相関関数はつぎのようにして求められる．まず関数 π の定義と仮定 (6.12) とから
$$r_{vv}(t, l) = \int_0^1 r_{uu}(t-\chi, l-\chi) p_\theta(\chi) d\chi \quad (6.14)$$
なる等式が成立する．ここに r_{uu} は u の自己相関関数 (6.11) である．これから，$|t-l| > 1$ のとき右辺は 0 となる．$|t-l| \leq 1$ に対して，被積分関数が 1 の値をとる χ の全体は一つの区間であるか，または二つの区間の和であり，いずれも長さの和は $1 - |t-l|$ であるから
$$r_{vv}(t, l) = \begin{cases} 1 - |t-l| & (|t-l| \leq 1) \\ 0 & (|t-l| > 1) \end{cases} \quad (6.15)$$
となる．これから，v は弱定常過程であることがわかる．**図 6.2** は，v の標本関数の例を示す．

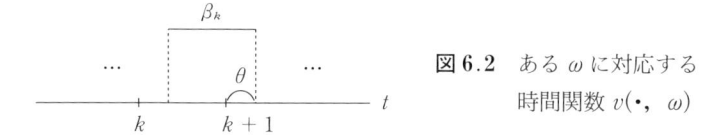

図 6.2　ある ω に対応する時間関数 $v(\cdot, \omega)$

6.2　2 次確率過程の微積分

2 次確率過程に対して，時刻のパラメータ t による微分と積分を考える．すでに述べたように，2 次過程を時刻 t の関数と見なすとき，それは 2 次確率変数の空間に値をとる関数であるから，2 乗平均収束の概念を用いて微積分を定義することができる．以下の議論における必要から，2 次過程 x から導かれるつぎのような 2 変数関数を定義しておく．
$$c_{xx}(t, l) = \mathrm{E}x(t)x(l), \quad (t, l) \in T \times T \quad (6.16)$$
定義により，c_{xx} は平均値関数および自己相関関数とつぎの関係にあることに

も注意しておこう†。
$$c_{xx}(t,\ l) = r_{xx}(t,\ l) + m_x(t)m_x(l) \tag{6.17}$$

まず連続の概念が以下のように定義される。2次過程 x に対し，一つの $a \in T$ をとり，a を含まず a に収束するいかなる実数列 $t_0,\ t_1,\ t_2,\ \cdots$ をとっても
$$\underset{n \to +\infty}{\text{l.i.m.}} x(t_n) = x(a) \tag{6.18}$$

が成立するとき，x は $t = a$ において **2乗平均連続** (mean square continuous) であるという。等式
$$\text{E}(x(t_n) - x(a))^2 = c_{xx}(t_n,\ t_n) - 2c_{xx}(t_n,\ a) + c_{xx}(a,\ a) \tag{6.19}$$
から，c_{xx} が $t = l = a \in T$ において連続ならば，x は $t = a$ において2乗平均連続であることがわかる。また，x が T の各点で2乗平均連続ならば，c_{xx} は $T \times T$ で連続であることも証明できる。前節で例示した二つの2次過程はどちらもほとんどすべての標本関数が不連続であるが，上の判別法によれば，第2の例は2乗平均連続であることがわかる。

つぎに，2次過程 x を2乗平均収束の意味で微分することを考える。上と同様 a を含まず a に収束するいかなる実数列 $t_0,\ t_1,\ t_2,\ \cdots$ をとっても
$$D_n := \frac{x(t_n) - x(a)}{t_n - a} \tag{6.20}$$

が2乗平均収束するとき（6章の演習問題【1】を参照），x は $t = a$ において **2乗平均微分可能** (mean square differentiable) であるという。その極限として一意に定まる2次確率変数 D を，x の $t = a$ における **2乗平均微係数** (mean square derivative) と呼び，通常の微係数と同じ記号
$$\frac{dx}{dt}(a) \text{ または } \frac{dx(a)}{dt} \tag{6.21}$$

によって表す。ちなみに，2次過程 x が $t = a$ で2乗平均微分可能であるならば
$$\lim_{n \to +\infty} \frac{\text{E}(x(t_n) - x(a))^2}{(t_n - a)^2} = \text{E}D^2 < +\infty \tag{6.22}$$

---

† この関数 c_{xx} を x の自己相関関数と呼ぶことも多い。平均値が0でない2次過程を論じる場合には，注意が必要である。

により，x は $t = a$ で 2 乗平均連続である．x が各 $t \in T$ で 2 乗平均微分可能なるとき，式(6.21)において定数 a を変数 t で置き換えて得られる 2 次過程を x の 2 乗平均導関数と呼ぶ．

2 次過程 x の 2 乗平均微分可能性に対する一つの十分条件を， 2 変数関数 c_{xx} の属性として述べることができる．すなわち，等式

$$\mathrm{E}D_n D_m = \frac{c_{xx}(t_n,\ t_m) - c_{xx}(t_n,\ a) - c_{xx}(a,\ t_m) + c_{xx}(a,\ a)}{(t_n - a)(t_m - a)} \tag{6.23}$$

において $m,\ n \to +\infty$ とするとき，c_{xx} の 2 階偏導関数が $t = l = a$ の近傍で存在して連続ならば，テイラーの定理から右辺は $\partial^2 c_{xx}/\partial t \partial l$ の $t = l = a$ における値に収束する．よって，ロエーブの収束判定法により $t = a$ における x の 2 乗平均微係数が存在することがわかる．

二つの 2 次過程 x と y がともに 2 乗平均微分可能であるとき，任意の実数 α, β に対して $\alpha x + \beta y$ も 2 乗平均微分可能で，つぎの等式が成立する．

$$\frac{d}{dt}(\alpha x(t) + \beta y(t))_{t=a} = \alpha \frac{dx}{dt}(a) + \beta \frac{dy}{dt}(a) \tag{6.24}$$

また，q を $t = a$ において通常の意味で微分可能な関数とすると

$$\frac{d}{dt}(q(t) x(t))_{t=a} = \frac{dq}{dt}(a) \cdot x(a) + q(a) \cdot \frac{dx}{dt}(a) \tag{6.25}$$

が成立する．さらに，前に見た 2 乗平均収束の性質からつぎの等式を導くことができる．ただし，x と y は $t = a$ において 2 乗平均微分可能な 2 次過程であるとする．

$$\frac{d}{dt}(\mathrm{E}x(t))_{t=a} = \mathrm{E}\left(\frac{dx}{dt}(a)\right) \tag{6.26}$$

$$\frac{d}{dt}\mathrm{E}(x(t)y(t))_{t=a} = \mathrm{E}\left(\frac{dx}{dt}(a) \cdot y(a) + x(a) \cdot \frac{dy}{dt}(a)\right) \tag{6.27}$$

いずれの等式も，左辺の微係数が存在するとの主張を含んでいる．なお，式(6.26)は式(6.27)の特別な形式であることに注意されたい．

ところで 2 次過程 x が T の 2 点 a と b において 2 乗平均連続であるとし，

さらに区間 $(a, b) \subset T$ の各点で x の 2 乗平均微係数が 0 であるとしてみよう．すると式(6.27)により

$$\frac{d}{dt}\mathrm{E}(x(t) - x(a))^2 = 0, \quad a < t < b \tag{6.28}$$

が成立するから，左辺にある 2 乗平均値が $[a, b]$ の各点でとる値は $t = a$ における値である 0 に等しい．これより $x(b) = x(a)$ が結論される．

最後に，閉区間 $[a, b] \subset T$ における 2 次過程 x の積分を考える．積分区間を n 個の小区間に分割して，それらの分点を

$$a = t_0 < t_1 < \cdots < t_n = b \tag{6.29}$$

と書き，各 k に対して $t_k < \tau_k < t_{k+1}$ なる τ_k を任意に選んでつぎのような和を作る．

$$I_n := \sum_{k=0}^{n-1} x(\tau_k)(t_{k+1} - t_k) \tag{6.30}$$

各小区間の長さが一様に 0 に収束するような方法で分割を限りなく細かくしていくとき I_n がある 2 次確率変数 I に 2 乗平均収束するならば，x は **2 乗平均可積分** (mean square integrable) であるという．I を区間 $[a, b]$ における x の **2 乗平均積分** (mean square integral) と呼び，通常の積分と同じ記号

$$\int_a^b x(t)dt \tag{6.31}$$

によって表す．2 乗平均可積分性に関しても，これに対する一つの十分条件を 2 変数関数 c_{xx} の属性として述べることができる．すなわち，等式

$$\mathrm{E}I_n I_m = \sum_{k=0}^{n-1}\sum_{j=0}^{m-1} c_{xx}(\tau_k, \lambda_j)(t_{k+1} - t_k)(l_{j+1} - l_j) \tag{6.32}$$

から，c_{xx} が $[a, b] \times [a, b]$ においてリーマン可積分であるとすると，ロエーブの収束判定法により，$[a, b]$ における x の 2 乗平均積分が存在する．さらに，x が $[a, b]$ で 2 乗平均連続ならば，c_{xx} は $[a, b] \times [a, b]$ の各点で連続となって上の条件を満足する．したがって，2 乗平均連続な 2 次過程は 2 乗平均可積分である．

二つの 2 次確率過程 x, y が 2 乗平均可積分であれば，それらの線形結合

$ax + \beta y$ (ただし α と β は任意の実数) も2乗平均可積分であり，等式

$$\int_a^b (ax(t) + \beta y(t))dt = a\int_a^b x(t)dt + \beta \int_a^b y(t)dt \tag{6.33}$$

が成立する．また $a < c < b$ に対して，つぎのような分解が可能である．

$$\int_a^b x(t)dt = \int_a^c x(t)dt + \int_c^b x(t)dt \tag{6.34}$$

さらに，x と y を2乗平均可積分な2次過程，z を2次確率変数とすると，2乗平均収束の性質からつぎの等式を導くことができる．

$$\mathrm{E}\int_a^b x(t)dt = \int_a^b (\mathrm{E}x(t))dt \tag{6.35}$$

$$\mathrm{E}\Big(z\int_a^b x(t)dt\Big) = \int_a^b (\mathrm{E}zx(t))dt \tag{6.36}$$

$$\mathrm{E}\Big(\int_a^b x(t)dt \cdot \int_c^d y(t)dt\Big) = \int_a^b \int_c^d (\mathrm{E}x(t)y(\tau))dtd\tau \tag{6.37}$$

いずれの等式も，右辺のリーマン積分が存在するという主張を含む．なお，式 (6.35) は (6.36) の特別な形式である．

2次過程 x が $[a, b]$ の各点で2乗平均連続ならば，$a < c < b$ なる任意の c に対して，等式

$$\frac{d}{dt}\Big(\int_a^t x(\tau)d\tau\Big)_{t=c} = x(c) \tag{6.38}$$

が成立する．この等式は，左辺における2乗平均微係数が存在するという主張を含む．また (a, b) において x の2乗平均導関数が存在して2乗平均連続，a と b において x が2乗平均連続であるとし

$$z(t) = \int_a^t \frac{dx}{dt}(\tau)d\tau - x(t), \quad a \leq t \leq b \tag{6.39}$$

とおいて式 (6.38) を用いると，z の2乗平均微係数は (a, b) の各点で 0 であることがわかる．これと式 (6.28) の下に述べたことより，微分積分学の基本公式に相当する等式

$$\int_a^b \frac{dx}{dt}(t)dt = x(b) - x(a) \tag{6.40}$$

の成立することが示される．

これまでに2次過程の2乗平均微積分に関する諸事項を述べたが，結果の導出過程についてはおおむね方針を記すにとどめた。数式変形等にかかわる詳細については，興味のある読者の自習に委ねる。

6.3 線形システムの数理モデル

不規則に変動する入力に駆動されるシステムの不規則な振舞いについて考える（図 6.3）。

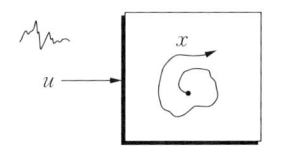

図 6.3 不規則な入力のあるシステム

システムの不規則な振舞いは，物理量か非物理量かを問わず，システム内部で変動する諸量の不規則性として認識することができる。ここでは，それら諸量の不規則変動を確率過程 x によって表現することにする。また入力を別の確率過程 u で表す。それらは一般に実ベクトルの値をとるが，特別な場合としてただ一つの成分から成ることもあるとする。入力 u はすべての時刻 t において2乗平均連続な2次過程であるとし，システムの挙動を表す x は，$t > t_0$ で2乗平均微分可能かつ $t = t_0$ で2乗平均連続な2次過程で，u とつぎの関係で結ばれているものとする。

$$\frac{dx(t)}{dt} = A(t)x(t) + B(t)u(t), \quad x(t_0) = x_0 \qquad (6.41)$$

ただし，A と B はそれぞれ適当な実行列の値をとる連続関数を表す。左辺は2乗平均微係数を表し，等号は両辺を2乗平均の意味において同一視することを示す。x_0 は2次確率変数を成分とするベクトルである。ところで，上式と見かけが同じ確定論的モデルにおいて，$x(t)$ は「時刻 t における状態」と呼ばれる。ここでも，さしあたり，見かけの同一性を唯一の根拠として，2次確率ベクトル $x(t)$ を時刻 t におけるシステムの**状態**（state）と呼んでおく。

「システムの状態とは未来の挙動に関するすべての情報を含むもの」という意味付けとの対応については，後で考察する．初期時刻 t_0 を定め，初期状態 x_0 を与えると，上の条件を満足する 2 次過程 $x(t)$, $t \geq t_0$, すなわち微分方程式 (6.41) の解が一意に定まる．その証明の概略から述べる．以下の展開においては，$x(t)$ と $u(t)$ がそれぞれベクトルとして何個の成分から成っているかが特別の意味を持つことはないので，特に明示せずにおく．

A から導かれる状態遷移行列（関数）を Φ で表す（付録 A 参照）．すなわち，Φ はつぎの微分方程式の唯一解である．

$$\frac{\partial \Phi(t,\ l)}{\partial t} = A(t) \Phi(t,\ l), \quad \Phi(l,\ l) = I \tag{6.42}$$

ここに I は単位行列を表す．このとき，任意の実数 t, l および λ に対してつぎの等式が成立する．

$$\Phi(t,\ \lambda) \Phi(\lambda,\ l) = \Phi(t,\ l) \tag{6.43}$$

$$\Phi(t,\ l) \Phi(l,\ t) = I \tag{6.44}$$

$$\frac{\partial \Phi(t,\ l)}{\partial l} = -\Phi(t,\ l) A(l) \tag{6.45}$$

式 (6.44) は (6.43) の特殊形である．さて，各 $t > t_0$ で 2 乗平均微分可能かつ $t = t_0$ で 2 乗平均連続な 2 次過程 x があって，式 (6.41) を満足するとしよう．この等式の t を l におきかえ，両辺に左から $\Phi(t,\ l)$ を乗じて整理すると，つぎの等式が得られる．

$$\frac{\partial}{\partial l}(\Phi(t,\ l) x(l)) = \Phi(t,\ l) B(l) u(l), \quad l > t_0 \tag{6.46}$$

これを l について t_0 から t まで積分するとつぎの等式を得る．

$$x(t) = \Phi(t,\ t_0) x_0 + \int_{t_0}^{t} \Phi(t,\ l) B(l) u(l) dl \tag{6.47}$$

ここに状態遷移行列 Φ による解の表現が得られた．一方，式 (6.47) の右辺を

$$x(t) = \Phi(t,\ t_0)\left(x_0 + \int_{t_0}^{t} \Phi(t_0,\ l) B(l) u(l) dl\right) \tag{6.48}$$

の形に書き直し，前に述べた 2 乗平均微積分の諸性質を用いると，x が 2 乗平均微分可能であって，初期条件も含めて，方程式 (6.41) を満足することがわか

る．したがって，式(6.41)と(6.47)はたがいに等価である．これは，式(6.47)の定義する x が微分方程式(6.41)の唯一解であることを意味する．

さていまから，線形システム(6.41)が確率的にどのような振舞いをするかを考えるのであるが，その際入力 u は各時刻で平均値 0 であるとする．また，各 $t \geq t_0$ で x_0 と $u(t)$ とは無相関であること，すなわち

$$\mathrm{E}(x_0 - m_0)u(t)^T = 0 \tag{6.49}$$

が成立することを仮定する．ここに，$m_0 := \mathrm{E}x_0$ である．さらに，つぎのようにおく．

$$Q_0 = \mathrm{E}(x_0 - m_0)(x_0 - m_0)^T \tag{6.50}$$

$$U(t, l) = \mathrm{E}u(t)u(l)^T \tag{6.51}$$

2次過程 u が2乗平均連続であるとの仮定により，U は2次元平面 R^2 の各点で連続な関数である．まず式(6.47)の両辺の平均をとって平均操作と積分の順序を交換すると，平均値関数

$$m(t) = \Phi(t, t_0)m_0, \quad t \geq t_0 \tag{6.52}$$

が得られる．つぎに，式 $(x(t) - m(t))(x(l) - m(l))^T$ に，式(6.47)と(6.52)を代入して平均をとり，平均操作と積分の順序を交換すると，自己相関関数がつぎのように求められる．

$$R(t, l) = \Phi(t, t_0)Q_0\Phi(l, t_0)^T$$
$$+ \int_{t_0}^{t}\int_{t_0}^{l}\Phi(t, \tau)B(\tau)U(\tau, \lambda)B(\lambda)^T\Phi(l, \lambda)^T d\lambda d\tau \tag{6.53}$$

これで，2次過程 x の平均および2次積率に対する完全な記述が得られた．ちなみにこの線形系の出力 y が，行列の値をとる連続関数 C を用いて状態 x とつぎの関係で結ばれているとする．

$$y(t) = C(t)x(t), \quad t \geq t_0 \tag{6.54}$$

このとき，初期状態を 0 に固定し入出力関係にのみ関心があるとすると，式(6.53)より，自己相関から見た入出力関係が，インパルス応答関数

$$G(t, l) := \begin{cases} C(t)\Phi(t, l)B(l) & (t \geq l) \\ 0 & (t < l) \end{cases} \tag{6.55}$$

6.3 線形システムの数理モデル

を用いてつぎのように表現される．

$$\mathrm{E}y(t)y(l)^T$$
$$= \int_{t_0}^{t}\int_{t_0}^{l} G(t,\ \tau)(\mathrm{E}u(\tau)u(\lambda))G(l,\ \lambda)^T d\lambda d\tau \tag{6.56}$$

つぎに，$t_0 \to -\infty$ における極限について考察しておく．このとき，線形システム(6.41)は時不変，すなわち係数行列 A と B はともに t に無関係な定数からなるものとする．また入力 u については前述の性質に加えて弱定常であることを仮定する．このとき，$\Phi(t,\ l)$ は $\Phi(t-l)$ または $e^{A(t-l)}$ と書くことができ（付録 B 参照），$U(t,\ l)$ は $U(t-l)$ と書くことができる．いま，$t_0 > t_1 > \cdots > t_n \to -\infty$ なる実数列をとり，各 n に対し，弱定常過程 u から $t \geqq t_n$ に対応する部分を取り出して作った入力と初期状態 $x(t_n) = x_0$ に対するシステムの応答を x_n で表す．すなわち

$$x_n(t) = \Phi(t-t_n)x_0 + \int_{t_n}^{t}\Phi(t-\tau)Bu(\tau)d\tau \tag{6.57}$$

とおく．つぎの等式を用いて $x_n(t)$ と $x_m(t)$ との距離を評価してみよう．

$$\mathrm{E}(x_n(t)-x_m(t))(x_n(t)-x_m(t))^T$$
$$= (\Phi(t-t_n)-\Phi(t-t_m))(Q_0+m_0m_0^T)(\Phi(t-t_n)-\Phi(t-t_m))^T$$
$$+ \int_{t_m}^{t_n}\int_{t_m}^{t_n}\Phi(t-\tau)BU(\tau-\lambda)B^T\Phi(t-\lambda)^T d\lambda d\tau \tag{6.58}$$

ここで，行列 A のすべての固有値の実部が負である（A が安定）とする．U が有界であることから，n と m を限りなく大きくとることにより右辺は限りなく 0 に近づく．よって各 t で 2 乗平均の意味の極限

$$x_\infty(t) := \mathop{\mathrm{l.i.m.}}_{n \to +\infty} x_n(t) \tag{6.59}$$

が存在する．極限は数列 $\{t_n\}$ のとり方によらない．これを見るために，数列 $s_0,\ s_1,\ s_2,\ \cdots \to -\infty$ を上の $\{t_n\}$ とは別の数列とし，各 n に対して

$$z_n(t) = \Phi(t-s_n)x_0 + \int_{s_n}^{t}\Phi(t-\tau)Bu(\tau)d\tau \tag{6.60}$$

とおく．すると，式(6.58)に類似した等式を用いて

$$\lim_{n \to +\infty} \mathrm{E}(x_n(t)-z_n(t))(x_n(t)-z_n(t))^T = 0 \tag{6.61}$$

となり，$x_n(t)$ と $z_n(t)$ はともに $x_\infty(t)$ に 2 乗平均収束することがわかる（6章の演習問題【1】も参照）。こうして得られる 2 次過程 x_∞ は，式(6.52)より平均値 0，また式(6.53)よりつぎのような自己相関を持つ（式(5.22)をあわせて参照）。

$$R(t, \; l) = \int_{-\infty}^{t}\int_{-\infty}^{l} \Phi(t-\tau)BU(\tau-\lambda)B^T\Phi(l-\lambda)^T d\lambda d\tau \qquad (6.62)$$

ちなみに，任意の実数 h をとり，変数変換：$\tau = \tau' - h$, $\lambda = \lambda' - h$ を行うと，右辺は $R(t+h, \; l+h)$ とも書けることがわかる。そこで特に $h = -l$ とおけば，$R(t, \; l) = R(t-l, \; 0)$，すなわち x_∞ は弱定常過程とわかる。

初期時刻に関する極限移行によって線形システム(6.41)の**定常状態** (statistically stationary state) を求める際，上のようにする代わりに，入力として $t \geqq 0$ で定義された弱定常 2 次過程 u^* を用いて，つぎのような応答を考えてみよう。

$$x^*(t) = \Phi(t-t_0)x_0 + \int_{t_0}^{t}\Phi(t-\tau)Bu^*(\tau-t_0)d\tau \qquad (6.63)$$

このようにすると，u^* の分散が 0 の場合を除き，$t_0 \to -\infty$ に対する極限が存在しないことに注意する必要がある。これは，システムから見たとき，入力過程そのものが t_0 に依存して変わることによる。下の例は入力が確定的時間関数の場合についてのものであるが，これと似た状況を見ることができる。

例 6.3　正弦波状入力に対する応答

1 次のシステム

$$\frac{dx(t)}{dt} + x(t) = \sin t, \quad t > t_0 \qquad (6.64)$$

の応答は，つぎの式で表される。ただし初期状態は 0 とする。

$$x(t) = \int_{t_0}^{t} e^{-(t-\tau)}\sin \tau d\tau \qquad (6.65)$$

右辺を具体的に計算するとつぎの等式が得られる。

$$x(t) = \frac{1}{2}(\sin t - \cos t) - \frac{1}{2}e^{(t_0-t)}(\sin t - \cos t) \qquad (6.66)$$

一方

$$x^*(t) = \int_{t_0}^{t} e^{-(t-\tau)} \sin(\tau - t_0) d\tau \tag{6.67}$$

の右辺を計算するとつぎのようになる。

$$x^*(t) = \frac{1}{2}(\sin(t - t_0) - \cos(t - t_0) - e^{(t_0-t)}) \tag{6.68}$$

このように，$t_0 \to -\infty$ に対して $x(t)$ の極限は存在するが，$x^*(t)$ の極限は存在しない。

6.4　白色雑音と線形システム

平均値が 0 で，つぎのような自己相関関数を持つ 2 次過程 u を考えてみる。

$$\mathrm{E}u(t)u(l) = 0, \quad t \neq l \tag{6.69}$$

このような 2 次過程は，相異なる 2 時刻をいくら近くとっても，それらの時刻における値（確率変数）どうしが無相関であるという意味で，最も不規則性の高い 2 次過程である。線形システムの入力としてこのような確率過程を想定することは，以後の理論展開にさまざまな利点をもたらすのであるが，ここに一つの問題がある。それは，等式

$$\mathrm{E}\left(\int_0^t u(\tau)d\tau\right)^2 = \int_0^t \int_0^t \mathrm{E}u(\tau)u(\lambda)d\tau d\lambda \tag{6.70}$$

の右辺が，式(6.69)によれば 0 になってしまうことである。すなわち，u は積分すると消えてしまう 2 次過程なのである。線形システムに対してこのような u を入力として加えても，システムはなんの影響も受けないであろう。そこで平均値が 0 であることと性質(6.69)は保持しつつ，分散が有限であることを放棄して，つぎのような自己相関関数を持つ確率過程 w を想定する。

$$\mathrm{E}w(t)w(l) = \delta(t - l) \tag{6.71}$$

ここに，δ はデルタ関数を表す。デルタ関数は通常の意味の関数ではなく，さしあたり素朴ないい方をすれば，0 でないすべての実数に 0 を対応させ，0 には「きわめて大きい値」を対応させる関数ということになる。多くの場合，これを少し精密化して，つぎのような形式的性質を持つ関数として使われる。

$$\int_{-\infty}^{+\infty} f(t)\delta(t)dt = f(0) \qquad (f \text{ は任意の連続関数}) \tag{6.72}$$

この性質を利用すれば，式(6.70)の右辺が t に等しいという結果が得られる。こうして形式的ではあるが，式(6.69)を満足しつつ積分しても 0 にならない確率過程が見いだされた。このような確率過程 w を**白色雑音**（white noise）と呼ぶ。白色という形容詞の由来については後で述べる。なお，平均値が 0 でない白色雑音を定義することもできるが，本質的な違いはないので，ここでは平均値が 0 ということも定義に含めておく。

今後は，白色雑音を入力に持つ線形システム

$$\frac{dx(t)}{dt} = A(t)x(t) + B(t)w(t), \quad x(t_0) = x_0 \tag{6.73}$$

について考える。ただし，x_0 は 2 次確率変数を成分とするベクトルで，その平均と分散をそれぞれ m_0 と Q_0 で表すことにする。

$$\begin{aligned} m_0 &= \mathrm{E}x_0 \\ Q_0 &= \mathrm{E}(x_0 - \mathrm{E}x_0)(x_0 - \mathrm{E}x_0)^T \end{aligned} \tag{6.74}$$

入力 w は，x_0 と無相関な，ベクトルの値をとる白色雑音，すなわちつぎの性質を持つ確率過程であるとする。

$$\mathrm{E}x_0 w(t)^T = 0 \tag{6.75}$$

$$\mathrm{E}w(t)w(l)^T = I\delta(t-l) \tag{6.76}$$

ただし I は単位行列を表す。2 次確率過程を入力とする線形システムに対する前の結果をひとまず形式的に適用すると，応答 x の表現として

$$x(t) = \Phi(t, t_0)x_0 + \int_{t_0}^{t} \Phi(t, \tau)B(\tau)w(\tau)d\tau \tag{6.77}$$

を，また統計的性質に関してつぎのような表現を得る。

$$m(t) = \Phi(t, t_0)m_0, \quad t \geq t_0 \tag{6.52}$$

$$R(t, l) = \Phi(t, t_0)Q_0\Phi(l, t_0)^T + \int_{t_0}^{t} \Phi(t, \tau)B(\tau)B(\tau)^T\Phi(l, \tau)^T d\tau \tag{6.78}$$

ただし式(6.78)は，$t \leq l$ に対して適用する。$t \geq l$ に対する自己相関は，対

6.4 白色雑音と線形システム

称性 $R(t, l) = R(l, t)^T$ を利用して求められる。なお，平均値に関しては，前出の式(6.52)と同じ表現式が得られるので，同じ式番号を用いた。

このようにして，白色雑音に対する線形システムの応答の形式的表現が得られたが，実はもう一つ問題があった。それは，白色雑音 w は，各時刻で有限の分散を持たないので，少なくとも2次過程を扱う議論の中では架空の存在だということである。したがって，それに対するシステムの応答であるところの x もまた架空の存在ということになる。しかしながら，「デルタ関数によく似た形の」自己相関を持つ2次過程が存在するならば，そのような入力に対するシステムの状態の統計的性質は，式(6.52)や(6.78)によってよく近似されることが期待できる。また，読み進むにつれて明らかになるように，白色雑音に対する線形システムの応答らしきものが，解析の対象として実在する。そして白色雑音は，線形システムを簡明に論じるための理想的な入力の役割を果たすのである。この事情は，確定的線形システム論においてインパルス入力は実在しないがインパルス応答は実在し，システムの特性を論じる際の手段として有効に使われるのと似ている。

線形システム(6.73)の応答として承認され得る確率過程 x を構築する方法はいくつかあるが，ここでは，前記2次過程の理論に基づく初等的方法を述べる。なお，7章の主題である確率的状態推定理論の概要を早めに把握したいと考える読者は，ここから式(6.109)の辺りまで，とりあえず読み飛ばしてよい。

初期状態 x_0 と無相関な平均値 0 の2次過程の列 $w^1, w^2, \cdots$ があって，$m \geq n$ に対してつぎのような相互相関関数を持つとする（**図6.4**）。

$$\mathrm{E} w^n(t) w^m(l)^T = I\Lambda_{nm}(t - l) \tag{6.79 a}$$

$$\Lambda_{nm}(\tau) := \begin{cases} n & \left(0 \leq |\tau| < \dfrac{1}{2n} - \dfrac{1}{2m}\right) \\ \dfrac{m+n}{2} - mn|\tau| & \left(\dfrac{1}{2n} - \dfrac{1}{2m} \leq |\tau| < \dfrac{1}{2n} + \dfrac{1}{2m}\right) \\ 0 & \left(\dfrac{1}{2n} + \dfrac{1}{2m} \leq |\tau|\right) \end{cases}$$

$$\tag{6.79 b}$$

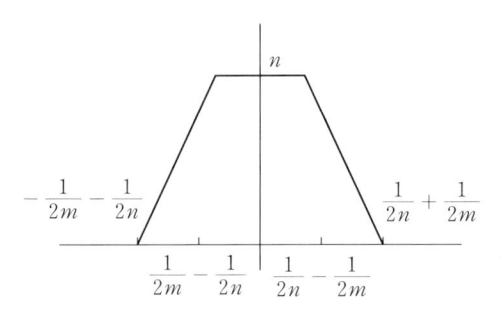

図 6.4 関数 Λ_{nm} の図式表現

このとき，m や n と無関係につぎの等式が成立することに注意しておく．

$$\int_{-\infty}^{+\infty} \Lambda_{nm}(\tau)\,d\tau = 1 \tag{6.80}$$

ここでは，デルタ関数 δ を連続関数 Λ_{nm} の極限の姿と解釈するのである．このような 2 次過程の列が存在することは，つぎの例によって示される．

例 6.4　2 次過程 ③

確率変数を成分とするベクトルの列 $\cdots$，β^{-1}，β^0，β^1，β^2，$\cdots$ と，確率変数の列 $\cdots$，θ_{-1}，θ_0，θ_1，θ_2，$\cdots$ を考える．ベクトル β^k の i 番目の成分を $\beta^k{}_i$ と書くことにする．各 k，r および i，j に対し，$\beta^k{}_i$，$\beta^r{}_j$，θ_k，θ_r の結合確率密度がつぎのように与えられるものとする．

$$p_{\beta^k{}_i \beta^r{}_j \theta_k \theta_r}(\xi_1,\ \xi_2,\ \chi_1,\ \chi_2) = p_\beta(\xi_1) p_\beta(\xi_2) p_\theta(\chi_1) p_\theta(\chi_2) \tag{6.81}$$

ここに，p_β は平均値 0 で 2 次積率 1 の確率密度関数，p_θ は $[0,\ 1]$ 上の一様密度関数である．さらに，正の整数 n に対してつぎの関数 δ_n を定義する．

$$\delta_n(t) = \begin{cases} n & \left(-\dfrac{1}{2n} \leq t < \dfrac{1}{2n}\right) \\ 0 & \left(t < -\dfrac{1}{2n} \text{ または } \dfrac{1}{2n} \leq t\right) \end{cases} \tag{6.82}$$

これを用いて，各 $n = 1,\ 2,\ \cdots$ に対し，確率過程 w^n をつぎのように定義する．

$$w^n(t) = \sum_{k=-\infty}^{+\infty} \beta^k \delta_n(t - k - \theta_k) \tag{6.83}$$

定義により，w^n の標本関数は各時間区間 $[k,\ k+1)$ 上の不規則な位置

に幅 $1/n$ の方形パルスを持つような関数である．以下に詳しく見るように，δ_n の定義によって，t を固定すれば右辺は実は有限和である．まず，w^n の平均が 0 であることがただちにわかる．つぎに，w^n と w^m の相互相関を調べる．

各 k に対して
$$t \in T_{nk} := \left(k - 1 + \frac{1}{2n},\ k + 1 - \frac{1}{2n} \right) \tag{6.84}$$
なる時刻 t をとると，このような区間に現れる方形パルスの数はたかだか 2 個であることから，式 (6.83) の右辺はつぎの形となる（図 **6.5**）．
$$w^n(t) = \beta^{k-1}\delta_n(t - k + 1 - \theta_{k-1}) + \beta^k \delta_n(t - k - \theta_k) \tag{6.85}$$

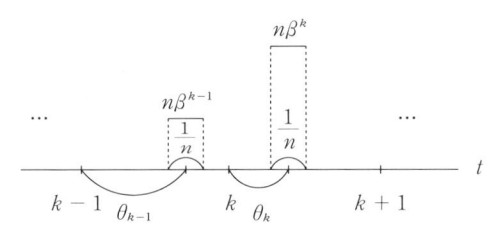

図 **6.5** w^n の標本関数

同様に，各 k に対して
$$l \in T_{mk} := \left(k - 1 + \frac{1}{2m},\ k + 1 - \frac{1}{2m} \right) \tag{6.86}$$
なる時刻 l をとると，式 (6.85) に対応する等式
$$w^n(l) = \beta^{k-1}\delta_m(t - k + 1 - \theta_{k-1}) + \beta^k \delta_m(t - k - \theta_k) \tag{6.87}$$
が得られる．ひとまず式 (6.85) と (6.87) における k を同一とし，これらと (6.81) の仮定をもとに，$\mathrm{E}w^n(t)w^m(l)^T$ を定義にしたがって計算するとつぎの式を得る．
$$\mathrm{E}w^n(t)w^m(l)^T = I\int_{-1}^{+1} \delta_n(t - k - \theta)\delta_m(l - k - \theta)d\theta \tag{6.88}$$
ここにおいて，被積分関数は θ の関数として
$$\theta \in \left(t - k - \frac{1}{2n},\ t - k + \frac{1}{2n} \right) \cap \left(l - k - \frac{1}{2m},\ l - k + \frac{1}{2m} \right)$$
$$\subset [-1,\ 1] \tag{6.89}$$
に対して mn という値をとり，それ以外の $\theta \in [-1,\ 1]$ に対しては 0 と

いう値をとる（図 6.6）．これから，上記 2 区間の一方が他方を含む場合，包含関係のない場合，およびその他の場合に分けて積分を計算すると

$$(t, l) \in \bigcup_k T_{nk} \times T_{mk} \tag{6.90}$$

に対する相互相関として式 (6.79) の形が見いだされる．これ以外の (t, l) に対しては，$|t - l| \geqq 1 - 1/2n - 1/2m$ であることに注意して仮定 (6.81) を用いることにより，$m \geqq n \geqq 3$ に対して $\mathrm{E} w^n(t) w^m(l)^T = 0$ となることを見ることができる．

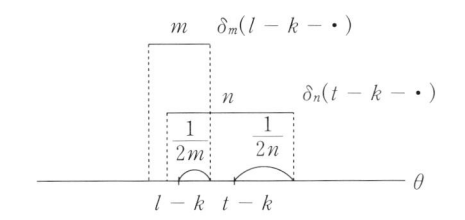

図 6.6 　θ に関する積分の被積分関数

式 (6.79) において $m = n$ とおくと，w^n の自己相関関数 Λ_{nn} が得られる．これが $\tau := t - l$ のみによることと $\tau = 0$ において連続であることから，このような確率過程 w^n は 2 乗平均連続な弱定常 2 次過程である．

さて，w^n が 2 乗平均連続な 2 次過程であることから，前の議論に従えば，微分方程式

$$\frac{dx^n(t)}{dt} = A(t) x^n(t) + B(t) w^n(t), \quad x^n(t_0) = x_0 \tag{6.91}$$

の唯一解として 2 乗平均微分可能な 2 次過程 x^n が存在してつぎのように表される．

$$x^n(t) = \Phi(t, t_0) x_0 + \int_{t_0}^{t} \Phi(t, \tau) B(\tau) w^n(\tau) d\tau \tag{6.92}$$

仮定により，各 t における $w^n(t)$ は初期状態 x_0 と無相関である．n を限りなく大きくするとき，w^n の極限があるかどうかは別にして，x^n の極限があれば，それをもって微分方程式 (6.73) の解と定義することは妥当であろう．

ここで，極限にかかわる考察の直接の対象は式 (6.92) の右辺の積分であるが，あとの議論とのかかわりに配慮して，つぎのようなやや一般的な形の積分から始める．

6.4 白色雑音と線形システム

$$q^n(a,\ b) := \int_a^b F(\tau)w^n(\tau)d\tau \tag{6.93}$$

ここに，F は連続な実関数からなる行列，$a < b$ は実数を表す。

まず，$m \geqq n > 0$ なる整数および $c < d$ なる実数をとると，6.2 節の議論に基づいてつぎの等式が得られる。

$$\mathrm{E}q^n(a,\ b)q^m(c,\ d)^T = \int_a^b \int_c^d F(\tau)F(\lambda)^T \Lambda_{nm}(\tau - \lambda)d\lambda d\tau \tag{6.94}$$

右辺は累次積分として扱うことができるので，先に内側の積分

$$H_{mn}(c,\ d\ ;\ \tau) := \int_c^d F(\tau)F(\lambda)^T \Lambda_{nm}(\tau - \lambda)d\lambda \tag{6.95}$$

を考える。以下において，関数 Λ_{nm} が 0 でない値をとる区間を $[-\Delta_{nm},\ \Delta_{nm}]$ によって表す。すなわち，Δ_{nm} はつぎの式で定義される実数である。

$$\Delta_{nm} = \left(\frac{1}{2n} + \frac{1}{2m}\right) \tag{6.96}$$

ここで任意の正数 ε をとる。このとき，十分大きな整数 N をとると，$m \geqq n > N$ のとき，$\Delta_{nm} < \varepsilon$ が成立し，同時に不等式

$$\tau - \Delta_{nm} < \lambda < \tau + \Delta_{nm} \tag{6.97}$$

を満足する λ に対して，不等式

$$\|F(\tau)F(\lambda)^T - F(\tau)F(\tau)^T\| < \varepsilon \tag{6.98}$$

が成立する。ここに $\|\cdot\|$ は適当な行列ノルム（例えば最大特異値）を表す。このとき，連続関数 F の閉区間における一様連続性により，N は τ に無関係にとることができることに注意する。これと，関数 Λ_{nm} の性質 (6.80) によって，つぎの不等式を得る。

$$\|H_{mn}(c,\ d\ ;\ \tau) - F(\tau)F(\tau)^T\| < \varepsilon,\quad c + \Delta_{nm} \leqq \tau \leqq d - \Delta_{nm} \tag{6.99}$$

また，$[a,\ b] \times [c,\ d]$ における $\|F(\tau)F(\lambda)^T\|$ の上界を M_0 とすれば，$c - \Delta_{nm} \leqq \tau \leqq c + \Delta_{nm}$ および $d - \Delta_{nm} \leqq \tau \leqq d + \Delta_{nm}$ に対してはつぎの不等式が成立する。

$$\|H_{mn}(c,\ d\ ;\ \tau)\| \leqq M_0 \tag{6.100}$$

さらに，τ が区間 $[c - \Delta_{nm},\ d + \Delta_{nm}]$ の外にあるときは，$H_{mn}(c,\ d\ ;\ \tau) =$

0 である。これから，つぎの不等式を得る。

$$\left\| \mathrm{E}q^n(a, b)q^m(c, d)^T - \int_{[a,b]\cap[c,d]} F(\tau)F(\tau)^T d\tau \right\|$$
$$< \varepsilon(d-c) + 8M_0 \Delta_{nm} \tag{6.101}$$

ただし，$[a, b] \cap [c, d]$ が空のとき積分は 0 と約束する。ここで，$\Delta_{nm} < \varepsilon$ であったことに注意すると，右辺は $\varepsilon \times$ 定数の形に書けることがわかる。すなわち，$m, n \to +\infty$ としたときの $\mathrm{E}q^n(a, b)q^m(c, d)^T$ の極限が存在して

$$\lim_{\substack{m\to+\infty \\ n\to+\infty}} \mathrm{E}q^n(a, b)q^m(c, d)^T = \int_{[a,b]\cap[c,d]} F(\tau)F(\tau)^T d\tau \tag{6.102}$$

であることが結論される。

上の結論においてひとまず $a = c, b = d$ とおくと，ロエーブの収束判定法（5.3 節を参照）によって，$q^n(a, b)$ の極限

$$q(a, b) := \underset{n\to+\infty}{\mathrm{l.i.m.}} \int_a^b F(\tau)w^n(\tau)d\tau \tag{6.103}$$

が存在することがわかる。そこで，以後は右辺を形式的に

$$\int_a^b F(\tau)w(\tau)d\tau \tag{6.104}$$

と書くことにする。6.3 節に述べたことと式 (6.102) から，「白色雑音を含む積分」(6.104) に関してつぎの等式が成立することがわかる。

$$\mathrm{E}\left\{ \int_a^b F(\tau)w(\tau)d\tau \cdot \int_c^d F(\tau)w(\tau)d\tau \right\} = \int_{[a,b]\cap[c,d]} F(\tau)F(\tau)^T d\tau \tag{6.105}$$

この等式はまた，左辺において積分と平均操作の順序を交換し，デルタ関数の性質を形式的に用いて得られる結果と一致することに注意しておきたい。「白色雑音を含む積分」(6.104) に関してはこのほかに，線形性

$$\int_a^b (\alpha F(\tau) + \beta G(\tau))w(\tau)d\tau = \alpha \int_a^b F(\tau)w(\tau)d\tau + \beta \int_a^b G(\tau)w(\tau)d\tau \tag{6.106}$$

や，積分区間の分割に関する $(a < c < b)$

$$\int_a^b F(\tau)w(\tau)d\tau = \int_a^c F(\tau)w(\tau)d\tau + \int_c^b F(\tau)w(\tau)d\tau \tag{6.107}$$

などの性質があることを，極限移行を通して見ることができる．また，2次確率変数のベクトル z がすべての w^n と無相関の関係にあるなら

$$\mathrm{E}z\left(\int_a^b F(\tau)w(\tau)d\tau\right)^T = 0 \tag{6.108}$$

が成立することも明らかである．

ここまでの議論を式(6.92)の右辺の積分に適用すれば

$$x(t) := \underset{n\to+\infty}{\mathrm{l.i.m.}} x^n(t) \tag{6.109}$$

が存在することをすでに見たことになる．こうして，各 $t \geqq t_0$ に対し2次確率変数を成分とするベクトル $x(t)$ が定義され，式(6.77)の形があらためて導出される．そこに現れる積分は式(6.104)の意味の「白色雑音を含む積分」である．以後，形式的に，2次過程 x を微分方程式(6.73)の解と見なし，式(6.77)をその具体的表現と考えることにする．

こうして得られた2次過程 x の統計的性質を調べてみよう．平均値については，$\mathrm{E}x^n(t)$ が n に無関係に $\varPhi(t, t_0)m_0$ に等しいことから，以前に形式的操作によって得られた表現式

$$m(t) = \varPhi(t, t_0)m_0, \quad t \geqq t_0 \tag{6.52}$$

が改めて導かれる．また自己相関関数は，まず $t \leqq l$ のとき，等式(6.77)を

$$\mathrm{E}(x(t) - m(t))(x(l) - m(l))^T \tag{6.110}$$

に代入したのち式(6.105)と(6.108)を用いることによって求められ，これも以前に形式的操作によって得た，つぎの表現式に帰着する．

$$R(t, l) = \varPhi(t, t_0)Q_0\varPhi(l, t_0)^T + \int_{t_0}^t \varPhi(t, \tau)B(\tau)B(\tau)^T\varPhi(l, \tau)^T d\tau \tag{6.78}$$

$t \geqq l$ のときは，対称性 $R(t, l) = R(l, t)^T$ を用いることによって上式が適用できる．R が $t = l$ において連続であるから，2次過程 x は2乗平均連続である．しかし，つぎの例に見るように，微分可能性は一般に保証されない．

例 6.5　白色雑音に対する応答

1次のシステム

$$\frac{dx(t)}{dt} + x(t) = \sqrt{2}w(t), \quad x(0) = x_0 \tag{6.111}$$

において，x_0 の平均値が 0 で分散が 1 とすると，x は平均値 0 で自己相関関数

$$r_{xx}(t,\ l) = e^{-|t-l|} \tag{6.112}$$

を持つ 2 次過程となる。この形から x は弱定常過程であるが，これは初期分散がたまたま 1 であることによる。これから，任意の t に対し，t に収束する実数列 $t_0,\ t_1,\ t_2,\ \cdots$ をとると

$$\mathrm{E}\left(\frac{x(t_n) - x(t)}{t_n - t}\right)^2 = 2\frac{1 - e^{-|t_n - t|}}{(t_n - t)^2} \tag{6.113}$$

は発散する。もし x が t において 2 乗平均微分可能なら左辺は極限移行に伴って有限確定であるから，これは x が 2 乗平均微分可能でないことを意味する。

微分方程式(6.73)は形式的な表現であるが，正則変換 $z(t) = Sx(t)$ によってあたらしい 2 次過程 z を定義すると，この定義から得られる z の平均値 $Sm(t)$ と自己相関 $SR(t,\ s)S^T$ は，微分方程式

$$\frac{dz(t)}{dt} = SA(t)S^{-1}z(t) + SB(t)w(t), \quad z(t_0) = Sx_0 \tag{6.114}$$

から上述の議論に沿って直接導かれる結果と一致する（読者において確かめられたい）。したがって，式(6.52)と(6.78)に基づく 1 次および 2 次積率の議論に関する限り，微分方程式(6.73)に $z(t) = Sx(t)$ を代入することによって新しい微分方程式(6.114)を直接導く形式的操作が許容される。特に，二つの微分方程式が与えられたとき，それぞれの両辺に実数を乗じ辺々加え合わせるといった操作を行うことができる。この性質は 7 章において利用される。

さて微分方程式(6.73)の解として上の方法で定義された 2 次過程 x に対して，式(6.78)とその直後の記述からつぎの等式が得られる。

$$\mathrm{E}(x(t) - \Phi(t,\ t_p)x(t_p))x(l)^T = 0, \quad t \geq t_p \geq l \geq t_0 \tag{6.115}$$

この結果は，現在時刻 t_p におけるシステムの状態 $x(t_p)$ に重要な意味を与える。いま，$x(t_p)$ の観測に基づく未来の状態 $x(t)$ の不偏推定値として

$$\hat{x}(t) := \Phi(t,\ t_p)x(t_p) \tag{6.116}$$

6.4 白色雑音と線形システム

を考える(不偏性の証明は読者の演習とする)．式(6.115)はこれによる推定誤差が現在および過去の状態と直交することを意味する．したがって，線形推定理論の枠内で考える限りでは，時刻 t_p 以後の系の挙動を予測するのに必要な情報は現在の状態 $x(t_p)$ の中にすべて含まれているといってよい．このように，「状態」という用語に対して，入力 w のない確定的システムにおけるのと同様な意味付けを行うことができるのである．

線形システム(6.73)の挙動に関し，1次および2次積率の観点からはすべて明らかになったが，後の議論のために，それらに対する別の表現を考察しておこう．

ひとまず，出発点としてこれまでの結果から関連するものを再記する．

$$m(t) = \Phi(t, t_0)m_0, \quad t \geq t_0 \tag{6.52}$$

$$R(t, l) = \Phi(t, t_0)Q_0\Phi(l, t_0)^T + \int_{t_0}^{t}\Phi(t, \tau)B(\tau)B(\tau)^T\Phi(l, \tau)^Td\tau \tag{6.78}$$

ただし式(6.78)は $t \leq l$ に対して適用する．$t \geq l$ に対する自己相関は，対称性 $R(t, l) = R(l, t)^T$ を利用して求められる．

まず式(6.52)の両辺を t で微分して状態遷移行列の性質を用いると，関数 m はつぎの微分方程式を満足することがわかる．

$$\frac{dm(t)}{dt} = A(t)m(t), \quad m(t_0) = m_0 \tag{6.117}$$

式(6.52)が定義する関数 m がこの微分方程式の唯一解であることはいうまでもない．つぎに，式(6.78)において $t = l$ とおいて得られる

$$Q(t) := \Phi(t, t_0)Q_0\Phi(t, t_0)^T + \int_{t_0}^{t}\Phi(t, \tau)B(\tau)B(\tau)^T\Phi(t, \tau)^Td\tau \tag{6.118}$$

は x の分散関数である．上式を t で微分すると，Q は微分方程式

$$\frac{dQ(t)}{dt} = B(t)B(t)^T + A(t)Q(t) + Q(t)A(t)^T, \quad Q(t_0) = Q_0 \tag{6.119}$$

を満足することがわかる。この方程式は**リヤプノフ方程式**（Lyapunov equation）と呼ばれている。この方程式に解があることは自明である（既存の Q から導かれた方程式なので）。また，式(6.119)の第1の等式において変数 t を τ に置き換えたのち，両辺に左から $\Phi(t, \tau)$ を，右から $\Phi(t, \tau)^T$ をそれぞれ乗じ，関数 Φ の第2変数による偏微分に関する性質を用いるとつぎの式が得られる。

$$\frac{d}{d\tau}(\Phi(t, \tau)Q(\tau)\Phi(t, \tau)^T) = \Phi(t, \tau)B(\tau)B(\tau)^T\Phi(t, \tau)^T \quad (6.120)$$

これを τ について t_0 から t まで積分し，初期条件を代入すれば式(6.118)が導かれる。したがってこれ以外にリヤプノフ方程式(6.119)の解は存在しない。

一方，式(6.78)および周辺の記述をもとに，つぎの等式が得られる。

$$R(t, l) = \begin{cases} Q(t)\Phi(l, t)^T & (t \leq l) \\ \Phi(t, l)Q(l) & (t \geq l) \end{cases} \quad (6.121)$$

これと状態遷移行列の生成式(6.42)とから，自己相関関数 R の満足する微分方程式

$$\frac{\partial R(t, l)}{\partial t} = A(t)R(t, l), \quad t > l\,;\,R(l, l) = Q(l) \quad (6.122)$$

が導かれる。リヤプノフ方程式(6.119)と上の方程式(6.122)をあわせて，状態の分散および自己相関に対する微分方程式表現が得られた。

ちなみに，各時刻における状態 x の2次積率は

$$\mathrm{E}x(t)x(t)^T = Q(t) + m(t)m(t)^T \quad (6.123)$$

によって表され，m は式(6.117)を満足するから，この2次積率を再び Q で表すことにすれば，Q は初期条件を $Q(t_0) = Q_0 + m_0 m_0^T$ に置き換えたリヤプノフ方程式(6.119)の解である。また，より一般的な2次積率

$$\mathrm{E}x(t)x(l)^T = R(t, l) + m(t)m(l)^T \quad (6.124)$$

については，これを再び R で表せば式(6.122)がそのまま成立する。すなわち平均を考慮せずに，Q と R を

$$Q(t) = \mathrm{E}x(t)x(t)^T \quad (6.125)$$

$$R(t,\ l) = \mathrm{E} x(t) x(l)^T \tag{6.126}$$

とそれぞれ定義し直しても，Q の初期値を変更することにより，二つの方程式 (6.119) と (6.122) がそのまま適用するのである．この事実は次章の議論において利用される．

最後に，定常状態について調べる．係数 A と B は t によらない定数のみからなる行列で，A は安定（すべての固有値の実部が負/付録 B 参照）であるとする．$t_0 > t_1 > \cdots > t_n \to -\infty$ なる単調数列をとり，つぎのようにおく．

$$x_n(t) = \varPhi(t - t_n) x_0 + \int_{t_n}^{t} \varPhi(t - \tau) B w(\tau) d\tau \tag{6.127}$$

$x_m(t)$ から $x_n(t)$ を引き，「白色雑音を含む積分」に公式 (6.107) を適用するとつぎの等式が得られる．ただし $m \geqq n$ とする．

$$x_m(t) - x_n(t) = (\varPhi(t - t_m) - \varPhi(t - t_n)) x_0 + \int_{t_m}^{t_n} \varPhi(t - \tau) B w(\tau) d\tau \tag{6.128}$$

さらに，右辺の「白色雑音を含む積分」に公式 (6.105) と (6.108) を適用すると，左辺のベクトルの 2 次積率行列に対するつぎの表現が得られる．

$$\begin{aligned}
&\mathrm{E}(x_m(t) - x_n(t))(x_m(t) - x_n(t))^T \\
&= (\varPhi(t - t_m) - \varPhi(t - t_n))(m_0 m_0^T + Q_0)(\varPhi(t - t_m) - \varPhi(t - t_n))^T \\
&\quad + \varPhi(t - t_n) \Big(\int_{t_m}^{t_n} \varPhi(t_n - \tau) B B^T \varPhi(t_n - \tau)^T d\tau \Big) \varPhi(t - t_n)^T
\end{aligned} \tag{6.129}$$

このとき，A が安定行列であることから，t_n や t_m によらない正数 M をとることができて

$$\left\| \int_{t_m}^{t_n} \varPhi(t_n - \tau) B B^T \varPhi(t_n - \tau)^T d\tau \right\| < M \tag{6.130}$$

が成立する．したがって，十分大きな n と m をとることにより，式 (6.129) の右辺を限りなく 0 に近づけることができる．よって，各 t において $x_n(t)$ が 2 乗平均収束する．収束する先が数列 $\{t_n\}$ のとり方によらないことは，入力が通常の 2 次過程の場合と同様である．それを再び $x(t)$ と書く．

2 次過程 x の統計的性質は，極限移行 $t_0 \to -\infty$ と平均操作の交換によって

求めることができる。まず，x の平均は式 (6.52) から 0 である。また，分散は，式 (6.118) の右辺において $t_0 \to -\infty$ とすることによって

$$Q_\infty := \int_0^\infty \Phi(\tau) BB^T \Phi(\tau)^T d\tau \tag{6.131}$$

となる。これより自己相関関数 R をつぎのように表すことができる。

$$R(t, l) = \begin{cases} Q_\infty \Phi(l-t)^T & (t \leq l) \\ \Phi(t-l) Q_\infty & (t \geq l) \end{cases} \tag{6.132}$$

これから，x が弱定常過程であることがわかる。ちなみに対称行列 Q_∞ はつぎの代数方程式を満足する。

$$0 = BB^T + AQ_\infty + Q_\infty A^T \tag{6.133}$$

この方程式は微分方程式 (6.119) と同じく**リヤプノフ方程式**と呼ばれている。リヤプノフ方程式 (6.133) が唯一解を持つことの証明は，微分方程式 (6.119) の場合と同じ論法に沿って行うことができるが，読者の演習として残す。なお，式 (6.131) から，(A, B) 可制御，すなわち (B^T, A^T) 可観測ならば，分散行列 Q_∞ は正定となることが示される（付録 C 参照）。

6.5 周波数領域における特性表現

零平均の弱定常 2 次過程 x に対してその自己相関関数 r_{xx} のフーリエ変換

$$\Sigma_{xx}(\omega) := \int_{-\infty}^{+\infty} r_{xx}(\tau) e^{-j\omega\tau} d\tau, \quad -\infty < \omega < +\infty \tag{6.134}$$

が存在するとき，これを x の**パワースペクトル密度** (power spectral density) と呼ぶ。ここに ω は角周波数を表し，確率空間の標本点とは別物であるが，混同のおそれはないので慣例に従って同じ文字をあてる。パワースペクトル密度という名前の由来は，逆フーリエ変換から得られる関係

$$r_{xx}(0) = \frac{1}{2\pi} \int_{-\infty}^{+\infty} \Sigma_{xx}(\omega) d\omega \tag{6.135}$$

にある。左辺が $\mathrm{E}x(t)^2$（定常分散）に等しいことから，関数 Σ_{xx} は「x の全平均パワー」が周波数軸上に分布する様子を表していると解釈するのである。

式(6.135)はこの解釈の根拠として必ずしも十分とはいえないが，これは，本書の内容に関する限り単なる呼称の問題なので，これ以上立ち入らない。

　白色雑音 w とは自己相関関数 r_{ww} がデルタ関数であるような「確率過程」であった。これからパワースペクトル密度は周波数 ω に無関係に 1 ということになる。したがって，上のような解釈を許すなら，w は，すべての周波数の信号成分が一様なパワーを持って含まれているような不規則信号である。この性質を光の性質に例えて，白色というのである。

　弱定常 2 次過程を成分とするベクトルの場合，パワースペクトル密度は行列の値をとる関数である。線形システム(6.73)の係数行列 A および B が一定値をとり A のすべての固有値が負の実部を持てば，状態ベクトル x は定常状態において弱定常 2 次過程となり，その自己相関関数 R は式(6.132)で表される。これをフーリエ変換すると，つぎの等式が得られる。

$$\Sigma(\omega) = (j\omega I - A)^{-1} Q_\infty + Q_\infty (-j\omega I - A)^{-T} \tag{6.136}$$

ここに Σ は x のパワースペクトル密度を表す。両辺に，左から $(j\omega I - A)$ を，右から $(-j\omega I - A)^T$ を乗じ，Q_∞ がリヤプノフ方程式(6.133)の解であることを用いると，得られた等式の右辺は BB^T に等しいことがわかる。これから，Q_∞ を用いない表現

$$\Sigma(\omega) = (j\omega I - A)^{-1} BB^T (-j\omega I - A)^{-T} \tag{6.137}$$

を得る。より一般に，出力 y が状態 x と線形の関係

$$y = Cx \tag{6.138}$$

によって結ばれているものとする。ここに C は適当な定数行列である。このとき y も弱定常 2 次過程であり，そのパワースペクトル密度 Σ_o はつぎのように表される。

$$\Sigma_o(\omega) = F(j\omega) F(-j\omega)^T \tag{6.139}$$

ここに，F は入力 w から出力 y への伝達関数

$$F(s) := C(sI - A)^{-1} B \tag{6.140}$$

を表す。逆の見方をすれば，ある弱定常 2 次過程のパワースペクトル密度 Σ_o が安定な F を用いて式(6.139)の形式で与えられたとき，その 2 次過程は，パ

ワースペクトルという観点からは，F を伝達関数とする線形システムと白色雑音の組合せによって表現できることになる（図 6.7）。そのような目的で構築された仮想的線形モデルを**整形フィルタ**（shaping filter）などと呼ぶことがある。名前の由来は，白色雑音の平坦なパワースペクトルを望ましい形に整形するという役目にある。

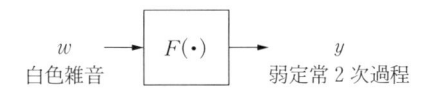

図 6.7　白色雑音と整形フィルタによる弱定常 2 次過程の表現

w　白色雑音 → $F(\cdot)$ → y　弱定常 2 次過程

―――― コーヒーブレイク ――――

それらしくない確率過程たち

　確率過程は不規則に変化する現象の数学モデルで，不規則信号ともいう。呼び方から，文字通り不規則な形をしたギザギザな波形を思い浮かべる人もいるだろう。過去の波形を見ただけでは未来の波形を正確に予知できないという側面もまた，不規則な波形という感覚と整合する。しかしながら，「不規則」とは波形が図形として不規則に見えることなのだろうか？　そういう面もあるが，もっと大事な特徴は，観測するたびに違った波形が，前もっては知ることのできない仕方で現れることにある。サイコロの目の出方が不規則だというときの「不規則」である。そうした意味で，不規則でありながら，波形を見る限りでは少しも不規則に見えない確率過程もある。以下では，そのような確率過程の例として，たった一つの確率変数を種に作られる三つの確率過程を考えてみたい。

　確率変数 θ が，区間 $[0, 1]$ 上で確率密度 1 を持つとする。このとき，確率過程 x，y，および z をそれぞれつぎのように定義しよう。

$$x(t) = \sqrt{3}(2\theta - 1), \quad -\infty < t < +\infty$$
$$y(t) = \sqrt{2}\sin(\beta t - 2\pi\theta), \quad -\infty < t < +\infty$$
$$z(t) = \alpha(t - 2\theta), \quad -\infty < t < +\infty$$

ここに，β は正の定数，α は $+1$ と -1 を交互に繰り返す確定的関数：

$$\alpha(t) = \begin{cases} +1, & 2n \leqq t < 2n + 1 \\ -1, & 2n - 1 \leqq t < 2n \end{cases} \quad n = 0, \pm 1, \pm 2, \cdots$$

を表す。x の標本はすべて一定，y の標本はすべて角周波数 β の正弦波，z の標本はすべて周期 2 の矩形波である。それらは少しも不規則に見えない。それは，過去の波形を見れば未来の波形もわかるからである。しかし，観測を繰り返せば，x についてはそのつど違った定数が観測され，y と z については違った位相

の周期波形がそれぞれ観測される。どれもそれなりに不規則であって，確率過程の名に値する。

平均はいずれも0であることが，定義どおり計算すればすぐわかる。つぎに自己相関関数を，これまた定義どおりに計算してみると，いずれも時刻の差 τ のみの関数となる。したがって弱定常過程である。具体的には，$r_{xx}(\tau) = 1$ （定数），$r_{yy}(\tau) = \cos \beta\tau$ となる。r_{zz} は数式で表すのはやや面倒なので**図2**に示す。

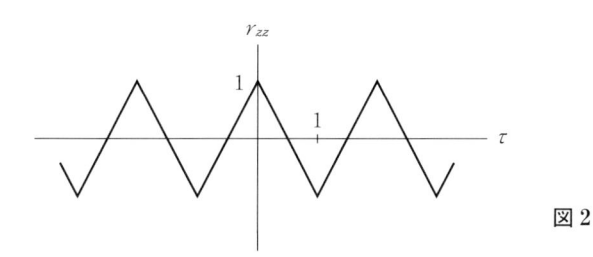

図2

弱定常過程 x はあまりにも単純すぎて使い道がなさそうに見えるが，実は大事な役目が少なくとも一つある。それは，時間平均を平均と混同しないよう警告する役目である。x の時間平均は x そのものであって，時間関数としては定数であるが確率変数である。そしてこれが平均値 0 に一致する確率は 0 なのである。時間平均を平均に代用する際は，このような問題に配慮しないといけないということを，この単純な確率過程が教えてくれている。

弱定常過程 y は単色雑音ともいうべきもので，ある意味で白色雑音の対極に位置する重要な確率過程である。白色雑音は，パワースペクトル密度が周波数によらず一定で，すべての周波数成分を等しく含むとの解釈から白色と呼ばれるのであった。y は定義によって角周波数 β の正弦波しか含まないから，まさしく単色である。試しに，$\omega = \pm\beta$ 以外の周波数で 0 となるパワースペクトル密度

$$\Sigma(\omega) := \pi(\delta(\omega - \beta) + \delta(\omega + \beta)), \quad -\infty < \omega < +\infty$$

の逆フーリエ変換を求めてみると，自己相関関数 r_{yy} が対応していることがわかる。

弱定常過程 z について見るべきは，連続性に関する確率的定義と各標本とのズレであろう。z のすべての標本関数が不連続関数であるのに，2乗平均の意味においては不連続点がどこにもないのである。そのことは，自己相関関数の連続性からわかる。この例は，確率的な議論が，実際に観測される個々の標本についてどこまで責任を負えるかという問題について，一つの判断材料を提供している。

例 6.6 線形モデル

弱定常 2 次過程 x の自己相関関数がつぎのように与えられたとする。

$$r_{xx}(\tau) = \frac{1}{2} e^{-|\tau|} \tag{6.141}$$

これのフーリエ変換であるパワースペクトル密度は

$$\Sigma_{xx}(\omega) = \frac{1}{1+\omega^2} \tag{6.142}$$

である。これは，伝達関数

$$F(s) := \frac{1}{1+s} \tag{6.143}$$

を用いて，$F(j\omega)F(-j\omega)$ の形に表現できるので，2 次過程 x は F の実現である線形系

$$\frac{dx(t)}{dt} + x(t) = w(t) \tag{6.144}$$

の定常応答として記述できることがわかる。ここに，w は白色雑音である。

上とは逆に，線形システム(6.144)が先に与えられたときは，リヤプノフ方程式(6.133)において $A = -1$ および $B = 1$ とおくことにより，x の定常分散 Q_∞ が 1/2 とわかり，これと式(6.132)から自己相関(6.141)が導かれる。

備考：参考文献として挙げた解説記事（山中（1999）[29]）は，本章の内容を要約して紹介したものである。

********** 演 習 問 題 **********

【1】 T をある時間区間とし，x を T において定義された 2 次確率過程とする。$a \in T$ に収束する任意の数列 $\{t_n \neq a, n = 0, 1\cdots\}$ に対して $\{x(t_n)\}$ が 2 乗平均収束するなら，極限値（2 次確率変数）は 2 乗平均の意味で一意であることを示せ。

【2】 A を安定な $n \times n$ 行列，B を $n \times m$ 行列とする。弱定常 2 次過程 u と白色雑音 w を含む微分方程式

$$\frac{dx(t)}{dt} = Ax(t) + B(u(t) + w(t))$$

の定常解 x をつぎの式によって定義する.

$$x(t) = \underset{t_0 \to -\infty}{\text{l.i.m.}} \underset{n \to \infty}{\text{l.i.m.}} \tilde{x}^n(t, t_0)$$

ここに,$\tilde{x}^n(\cdot, t_0)$ は微分方程式

$$\frac{dx(t)}{dt} = Ax(t) + B(u(t) + w^n(t)), \quad x(t_0) = 0$$

の解を表し,w^n,$n = 1, 2, \cdots$ は 6.4 節で用いた弱定常 2 次過程の列である.また,u と w がたがいに無相関であることを

$$Eu(t)w^n(l)^T = 0, \quad n = 1, 2, \cdots$$

によって定義し,$Eu(t)w(l)^T = 0$ と書くことにする.このとき,つぎの 2 式が成立することを示せ.

$$Ex(t)x(l)^T = \int_0^\infty \int_0^\infty e^{A\tau} BU(\tau - \lambda + t - l)B^T e^{A^T \lambda} d\tau d\lambda$$
$$+ \int_0^\infty e^{A\tau} BB^T e^{A^T \tau} d\tau e^{A^T(l-t)}, \quad t \leq l$$

$$Ex(t)u(l)^T = \int_0^\infty e^{A\tau} BU(\tau + t - l) d\tau$$

ただし,U は u の自己相関関数を表す.

〔備考〕 $t_0 \to -\infty$ は,非有界な単調減少列 $\{t_m, m = 1, 2, \cdots\}$ をとって $t_0 = t_m$ とおき,$m \to \infty$ とすることを意味するものとする(6.3 節を参照).

【3】 A を安定な $n \times n$ 行列,B,C,D を適当な形の行列とする.弱定常 2 次過程 u と白色雑音 w を含む線形システム

$$\frac{dx(t)}{dt} = Ax(t) + B(u(t) + w(t)), \quad y(t) = Cx(t) + Du(t)$$

が定常状態にあるとする.u と w はたがいに無相関で,u は

$$\Sigma(\omega) := H(j\omega I - F)^{-1} GG^T(-j\omega I - F)^{-T} H^T, \quad -\infty < \omega < +\infty$$

なる形のパワースペクトル密度を持つとするとき,出力過程のパワースペクトル密度行列が

$$[W(j\omega) + D]\Sigma(\omega)[W(-j\omega) + D]^T + W(j\omega)W(-j\omega)^T,$$
$$-\infty < \omega < +\infty$$

の形に表現できることを示せ.ここで,$W(s) := C(sI - A)^{-1} B$ である.

7

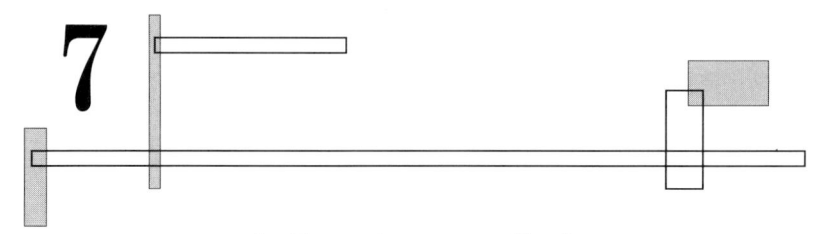

カルマンフィルタ

　本章では，白色雑音を入力とする線形システムの状態推定問題を考える。基本的な考え方は 5 章と同じ線形推定であるが，推定機構は動的な線形フィルタの形で得られる。この結果はカルマンとビュシイによって 1961 年に発表されたもの[10]で，今日カルマンフィルタの名とともに広く知られている。その最初の導出は，それ以前からあったウィーナーの理論を発展させる形で行われたのであるが，ここでは結果の持つ意味を明確にすることに重点をおき，導出過程はやや簡略化した形で述べる。

7.1 問題の定式化

　白色雑音によって駆動される線形システム

$$\frac{dx(t)}{dt} = Ax(t) + Bu(t), \quad x(t_0) = x_0 \tag{7.1}$$

を考える。ここに，A と B は一定値をとる実行列，u は平均値 0 で $I\delta(\cdot)$ なる自己相関を持つ白色雑音を表す。初期状態 x_0 は 2 次確率ベクトルで，その平均値は m_0，分散は P_0 とする。ここで，x のとる値は実ベクトルであり，u のとる値もまた広い意味で（この言葉を付加する理由については 6.4 節を参照）実ベクトルである。それらがそれぞれ何次元であるかについては，2～4 章の確定的な状態推定理論とは異なり，議論展開上あまり重要な意味を持たないので，有限とだけしておく。具体性があったほうが考えやすいと感じる読

7.1 問題の定式化

者は，さしあたり x について 2，u について 1 を想定するとよい．他の確率過程についても同様とする．

このシステムの状態 $x(t)$ が直接観測できず，観測システム

$$y(t) = Cx(t) + Dv(t), \quad t \geq t_0 \qquad (7.2)$$

を通してのみ観測可能であるとしよう．ここに，C と D はともに一定値をとる実行列を表す．このうち D は正則な正方行列であるとする．v は平均値 0 で u と合わせてつぎのような自己相関を持つ白色雑音とする．

$$\mathrm{E}\begin{bmatrix} u(t) \\ v(t) \end{bmatrix}\begin{bmatrix} u(l)^T & v(l)^T \end{bmatrix} = \begin{bmatrix} I & 0 \\ 0 & I \end{bmatrix}\delta(t-l) \qquad (7.3)$$

ただし右辺の二つの単位行列 I は，たがいに同じ個数の要素からなるとは限らない．初期状態 x_0 は雑音 u と v のいずれとも無相関であるとする．このような状況のもとで，時刻 t における状態 $x(t)$ を過去の観測データ $y(\tau)$，$t_0 \leq \tau < t$ に基づいて推定したい．ここではこの問題を，y を入力として加えると出力として x の推定値が得られるような**線形フィルタ** (linear filter) を構築する形で解決する方法を考える（図 7.1）．

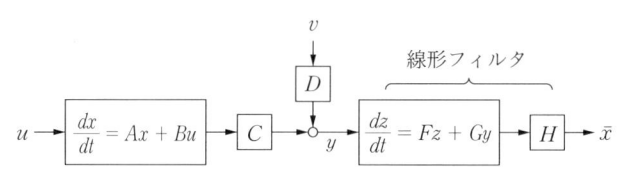

図 7.1 線形フィルタによる状態推定

その線形フィルタの状態実現をつぎのように表す．

$$\begin{aligned}\frac{dz(t)}{dt} &= F(t)z(t) + G(t)y(t), \quad z(t_0) = z_0 \\ \bar{x}(t) &= H(t)z(t)\end{aligned} \qquad (7.4)$$

ここに，F，G および H はそれぞれ t の連続関数からなる行列である．初期状態 z_0 は一定値をとる実ベクトルで，係数行列とともに適当に定められるべきパラメータである．なお，観測システム(7.2)における v は測定誤差や伝送雑音などの効果をモデル化したもので，**観測雑音** (observation noise) と呼

ばれる。これが白色雑音であるとの仮定には，相異なる2時点間できわめて小さい自己相関を持つような観測雑音の理想化という意味合いが含まれる。一方数学的取扱いにおいては，前節で述べたように，白色雑音はそれが線形力学系に与える影響においてのみ具体的な意味を持つのであるから，式(7.2)は単独では意味を持たず，観測信号 y が線形フィルタ(7.4)への入力となる前提のもとではじめて意味を持つことになる。

線形フィルタの，推定装置としての性能評価は推定誤差分散によって行われるものとしよう。すなわち，任意の線形フィルタ(7.4)が定める $\bar{x}$ に対して，各時刻 $t \geq t_0$ で

$$\mathrm{E}(x(t) - \hat{x}(t))(x(t) - \hat{x}(t))^T \leq \mathrm{E}(x(t) - \bar{x}(t))(x(t) - \bar{x}(t))^T \tag{7.5}$$

が成立するような推定値 $\hat{x}$ を生成する特別な線形フィルタ（を規定する F, G, H および z_0) を求めるのである。ここに，行列に対する不等式「$M \geq N$」は，「$M - N$ が準正定」の意味で用いている。

以下の展開において，線形システム(7.1)の初期状態 x_0 と雑音 u と雑音 v が無相関であるとの仮定は，行列 D が正則であるとの仮定とともに本質的である。なお，一般性を損なうことなく D は単位行列であるとしておく。$D \neq I$ なるときは y の代わりに $D^{-1}y$ を考えればよい。

この節の末尾にあたり，推定問題の定式化に関する注意を述べておきたい。ここでは議論の出発点を状態方程式(7.1)においている。したがって，現実にこのような構造を持ち，状態 x の具体的な意味が明示されているようなシステムが対象に含まれることはもちろんである。しかしながら，以下で展開する状態推定理論の対象はこの範囲に留まらない。例えば図 7.2 に示すような，「雑音に埋もれた信号を復元する」問題も，信号を白色雑音と整形フィルタによって表現すれば，整形フィルタの状態推定問題に帰着される（6.5節と7章の演習問題【2】を参照）。むしろ歴史的に見れば，推定の対象となる信号の性質を表現する手段として，自己相関やパワースペクトルの代わりに状態方程式を用いた点に，カルマンの理論の新機軸があったといえる。

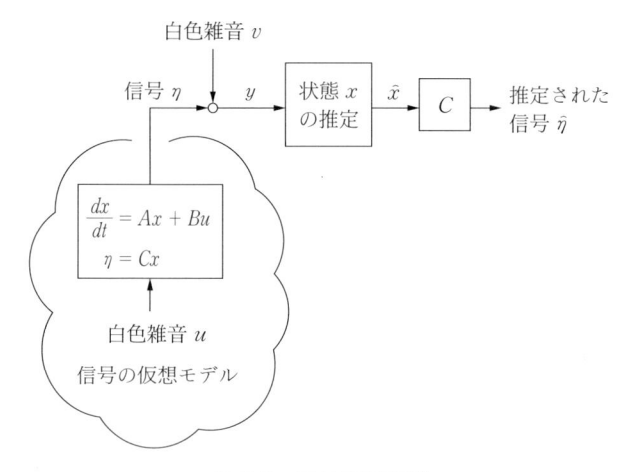

図 7.2 信号推定問題

7.2 最適性の条件

不等式(7.5)が成立することは，つぎの不等式が任意の実ベクトル a に対して成立することと等価である．

$$\mathrm{E}(a^T x(t) - a^T \hat{x}(t))^2 \leq \mathrm{E}(a^T x(t) - a^T \bar{x}(t))^2 \tag{7.6}$$

いま，時刻 $t > t_0$ を固定し，式(7.4)の形の（さまざまな）線形フィルタを通して $y(\tau)$, $t_0 \leq \tau < t$ から得られる 2 次確率変数 $a^T \bar{x}(t)$ の全体を aY_t で表すことにすると，aY_t は 2 次確率変数が作る線形空間の部分空間をなす（証明は読者の演習に委ねる）．よって，直交射影の定理により，不等式(7.6)が成立することは，$a^T x(t) - a^T \hat{x}(t)$ が aY_t に直交すること，すなわち，任意の線形フィルタ(7.4)に対して

$$\mathrm{E}(a^T x(t) - a^T \hat{x}(t))(a^T \bar{x}(t)) = 0 \tag{7.7}$$

が成立することと等価である．さらに a と H が任意であったことに注意すれば，不等式(7.5)が規定する条件はつぎの条件と等価であることがわかる．

$$\mathrm{E}(x(t) - \hat{x}(t))z(t)^T = 0 \tag{7.8}$$

このようにして，線形フィルタの**最適性の条件** (optimality condition) は，

直交性の条件(7.8)に置き換えられた。線形フィルタ(7.4)を決定するのはパラメータ (F, G, H, z_0) である。このような意味で,「線形フィルタ (F, G, H, z_0)」という表現を用いることにすると,ある特定の線形フィルタ (F_o, G_o, H_o, z_0^o) が最適であるための必要十分条件は,「(F_o, G_o, H_o, z_0^o) による推定の誤差 $x - \hat{x}$ が,任意の線形フィルタ (F, G, H, z_0) の状態 z と各時刻 t において直交すること」である。

7.3 最適フィルタの導出

ここでは,上記の意味で最良の線形フィルタを導出するが,これをつぎの2段階に分けて行う。まず,直交性の条件(7.8)の特殊な形式である

$$\mathrm{E}(x(t) - \hat{x}(t))\hat{x}(t)^T = 0 \qquad (7.9)$$

を $t \geq t_0$ において満足する線形フィルタとして,つぎのような特殊な形式のものを構成する。

$$\frac{d\hat{x}(t)}{dt} = F_o(t)\hat{x}(t) + G_o(t)y(t), \quad \hat{x}(t_0) = m_0 \qquad (7.10)$$

このフィルタの特殊性は,H を単位行列に限定し初期状態を m_0 にとったことにある。F_o と G_o はそれぞれ適当に定められる関数である。つぎに,この線形フィルタ (F_o, G_o, I, m_0) は一般的な直交性の条件をも満足すること,すなわち任意の線形フィルタ (F, G, H, z_0) との間で式(7.8)が成立することを示す。

上記第1段階として,線形フィルタ(7.10)の係数行列を具体的に求める。さしあたりそれらは未定としておいて,式(7.10)の右辺に式(7.2)を代入し($D = I$),微分方程式(7.1)とあわせてつぎのように書く。

$$\frac{d}{dt}\begin{bmatrix} x(t) \\ \hat{x}(t) \end{bmatrix} = \begin{bmatrix} A & 0 \\ G_o(t)C & F_o(t) \end{bmatrix}\begin{bmatrix} x(t) \\ \hat{x}(t) \end{bmatrix} + \begin{bmatrix} B & 0 \\ 0 & G_o(t) \end{bmatrix}\begin{bmatrix} u(t) \\ v(t) \end{bmatrix} \qquad (7.11)$$

ここで,推定誤差

$$e(t) := x(t) - \hat{x}(t) \qquad (7.12)$$

7.3 最適フィルタの導出

を定義すると，方程式(7.11)は変数変換

$$\begin{bmatrix} x \\ \hat{x} \end{bmatrix} = \begin{bmatrix} I & I \\ 0 & I \end{bmatrix} \begin{bmatrix} e \\ \hat{x} \end{bmatrix}, \quad \begin{bmatrix} e \\ \hat{x} \end{bmatrix} = \begin{bmatrix} I & -I \\ 0 & I \end{bmatrix} \begin{bmatrix} x \\ \hat{x} \end{bmatrix} \tag{7.13}$$

によってつぎのような方程式に変換される。

$$\frac{d}{dt} \begin{bmatrix} e(t) \\ \hat{x}(t) \end{bmatrix} = \begin{bmatrix} A - G_o(t)C & A - G_o(t)C - F_o(t) \\ G_o(t)C & G_o(t)C + F_o(t) \end{bmatrix} \begin{bmatrix} e(t) \\ \hat{x}(t) \end{bmatrix}$$
$$+ \begin{bmatrix} B & -G_o(t) \\ 0 & G_o(t) \end{bmatrix} \begin{bmatrix} u(t) \\ v(t) \end{bmatrix} \tag{7.14}$$

これから，2次積率行列

$$\begin{bmatrix} P(t) & N(t) \\ N(t)^T & M(t) \end{bmatrix} := \mathrm{E} \begin{bmatrix} e(t) \\ \hat{x}(t) \end{bmatrix} [e(t)^T \quad \hat{x}(t)^T] \tag{7.15}$$

はつぎのようなリヤプノフ方程式の一意解として定まることがわかる。

$$\frac{d}{dt} \begin{bmatrix} P & N \\ N^T & M \end{bmatrix} = \begin{bmatrix} BB^T + G_o G_o{}^T & -G_o G_o{}^T \\ -G_o G_o{}^T & G_o G_o{}^T \end{bmatrix}$$
$$+ \begin{bmatrix} A - G_o C & A - G_o C - F_o \\ G_o C & G_o C + F_o \end{bmatrix} \begin{bmatrix} P & N \\ N^T & M \end{bmatrix}$$
$$+ \begin{bmatrix} P & N \\ N^T & M \end{bmatrix} \begin{bmatrix} A - G_o C & A - G_o C - F_o \\ G_o C & G_o C + F_o \end{bmatrix}^T \tag{7.16}$$

ここに，記述の簡略化のため変数 t を省略した。初期条件は，前述の仮定からつぎの通りである。

$$\begin{bmatrix} P(t_0) & N(t_0) \\ N(t_0)^T & M(t_0) \end{bmatrix} = \begin{bmatrix} P_0 & 0 \\ 0 & m_0 m_0{}^T \end{bmatrix} \tag{7.17}$$

式(7.9)が課す直交性の条件は，N が恒等的に 0 であることと等価である。したがって具体的な目標は，未定のパラメータである F_o と G_o について，方程式(7.16)から $N(t) = 0, \ t \geq t_0$ が帰結するようなものを見いだすことである。すでに $t = t_0$ においてはこれが満足されている。さらに方程式(7.16)の細部に注意して，未定のパラメータと P との間に

$$G_o(t) = P(t)C^T$$
$$F_o(t) = A - G_o(t)C \tag{7.18}$$

のような関係付けを行うと，N に関する部分をつぎのような形にできることがわかる。

$$\frac{dN(t)}{dt} = F_o(t)N(t) + N(t)A^T, \quad t > t_0 \tag{7.19}$$

これは N に関する線形斉次方程式であるから，初期値が 0 であることと解の一意性により，N は恒等的に 0 である。すなわち求めていた結果が得られる。この論法の有効性は，拘束条件(7.18)のもとで方程式(7.16)が解（P，M，N）を持つことにより保証されるが，この問題についての考察は後にして，しばらくはそのための発見的議論を続ける。まず P に関しては，式(7.18)を式(7.16)に代入した結果として，P に関して閉じた，リカッチ形の微分方程式

$$\frac{dP(t)}{dt} = BB^T + AP(t) + P(t)A^T - P(t)C^TCP(t),$$
$$P(t_0) = P_0 \tag{7.20}$$

が得られる。この，通称**リカッチ方程式**（Riccati equation）はシステム理論のさまざまなところに現れ，対称準正定な初期値 P_0 に対して対称準正定な唯一解 $P(t)$，$t \geqq t_0$ を持つことが知られている（付録 E 参照）。こうして P が確定すれば，さらに M に関する方程式として，M に関して閉じたリヤプノフ方程式

$$\frac{dM(t)}{dt} = P(t)C^TCP(t) + AM(t) + M(t)A^T, \quad M(t_0) = m_0 m_0^T \tag{7.21}$$

が得られる。さて問題は，方程式(7.16)が拘束条件(7.18)を満足するような解を持つかどうかであった。この問題は，あらためてリカッチ方程式(7.20)から出発しなおすことによって解決する。すなわち，リカッチ方程式(7.20)の唯一解 P と，これをもとに得られるリヤプノフ方程式(7.21)の唯一解 M をとり，N として零行列をとる。一方，式(7.18)により G_o，F_o を定めると，これらの（P，M，N）が方程式(7.16)，初期条件(7.17)および拘束条件(7.18)を満

足することがただちにわかる。こうして，リカッチ方程式(7.20)から $P(t)$, $t \geqq t_0$ を求め，等式(7.18)によって F_o と G_o を確定すると，線形フィルタ (F_o, G_o, I, m_0) は直交性の条件(7.9)を満足することがわかった。

第2段階として，上で求められた線形フィルタ(7.10)が，一般的な最適性の条件(7.8)を満足していることを示す。方程式(7.14)から e に関する微分方程式を取り出し，式(7.18)を用いるとつぎの形となる。

$$\frac{de(t)}{dt} = F_o(t)e(t) + Bu(t) - G_o(t)v(t) \tag{7.22}$$

これに微分方程式(7.1)と(7.4)とを組み合わせて得られる方程式

$$\frac{d}{dt}\begin{bmatrix} x(t) \\ e(t) \\ z(t) \end{bmatrix} = \begin{bmatrix} A & 0 & 0 \\ 0 & F_o(t) & 0 \\ G(t)C & 0 & F(t) \end{bmatrix}\begin{bmatrix} x(t) \\ e(t) \\ z(t) \end{bmatrix} + \begin{bmatrix} B & 0 \\ B & -G_o(t) \\ 0 & G(t) \end{bmatrix}\begin{bmatrix} u(t) \\ v(t) \end{bmatrix} \tag{7.23}$$

から，$(x^T \ e^T \ z^T)^T$ の2次積率行列

$$\begin{bmatrix} Q & P & \cdot \\ P & P & R \\ \cdot & R^T & \cdot \end{bmatrix} := \mathrm{E}\begin{bmatrix} x(t) \\ e(t) \\ z(t) \end{bmatrix}[x(t)^T \ e(t)^T \ z(t)^T] \tag{7.24}$$

が満足すべきリヤプノフ方程式

$$\frac{d}{dt}\begin{bmatrix} Q & P & \cdot \\ P & P & R \\ \cdot & R^T & \cdot \end{bmatrix} = \begin{bmatrix} BB^T & BB^T & 0 \\ BB^T & BB^T + G_oG_o^T & -G_oG^T \\ 0 & -GG_o^T & GG^T \end{bmatrix}$$
$$+ \begin{bmatrix} A & 0 & 0 \\ 0 & F_o & 0 \\ GC & 0 & F \end{bmatrix}\begin{bmatrix} Q & P & \cdot \\ P & P & R \\ \cdot & R^T & \cdot \end{bmatrix} + \begin{bmatrix} Q & P & \cdot \\ P & P & R \\ \cdot & R^T & \cdot \end{bmatrix}\begin{bmatrix} A & 0 & 0 \\ 0 & F_o & 0 \\ GC & 0 & F \end{bmatrix}^T \tag{7.25}$$

が得られる。ここに，以後の展開に必要のないブロックを・で表した。また，前と同様変数 t を省略した。x と e との結合2次積率である $\mathrm{E}xe^T$ と $\mathrm{E}xe^T$ がともに P となっているのは，直交性の条件(7.9)からつぎの等式が成立する

ことによる。
$$\mathrm{E}x(t)e(t)^T = \mathrm{E}e(t)e(t)^T \tag{7.26}$$
これから，e と z との結合 2 次積率である R はつぎの方程式を満足しなければならない。
$$\frac{dR(t)}{dt} = (P(t)C^T - G_o(t))G(t)^T$$
$$+ F_o(t)R(t) + R(t)F(t)^T, \quad t > t_0 \tag{7.27}$$
式(7.18)によって右辺第 1 項は 0 であるから，これは R に関する線形斉次方程式である。さらに，$Ee(t_0) = 0$ で z_0 が定数であることより，R の初期値は z_0 によらず 0 であるから，R は恒等的に 0 でなければならない。これは，直交性の条件(7.8)が満足されていることを意味する。こうして線形フィルタ(7.10)は，線形状態モデル(7.4)が表現するすべての線形フィルタの中で最良であることがわかった。

さらに，線形フィルタ (F_o, G_o, I, m_0) は不偏推定値を生成することがつぎのようにしてわかる。すなわち，x の平均値関数を m，$\hat{x}$ の平均値関数を $\hat{m}$ でそれぞれ表すと，式(7.11)からそれらはつぎの微分方程式を満足する。
$$\frac{d}{dt}\begin{bmatrix} m(t) \\ \hat{m}(t) \end{bmatrix} = \begin{bmatrix} A & 0 \\ G_o(t)C & F_o(t) \end{bmatrix}\begin{bmatrix} m(t) \\ \hat{m}(t) \end{bmatrix}, \quad \begin{bmatrix} m(t_0) \\ \hat{m}(t_0) \end{bmatrix} = \begin{bmatrix} m_0 \\ m_0 \end{bmatrix} \tag{7.28}$$
これから式(7.18)を用いて導かれる微分方程式
$$\frac{d}{dt}(m(t) - \hat{m}(t)) = F_o(t)(m(t) - \hat{m}(t)), \quad m(t_0) - \hat{m}(t_0) = 0 \tag{7.29}$$
により，$m - \hat{m}$ は恒等的に 0 でなければならない。なお，初期状態 x_0 の平均値 m_0 が未知の場合，初期推定値として 0 を代用すれば，推定の不偏性は放棄することになるものの，線形フィルタ(7.10)は不等式(7.5)の意味における最良推定器としてそのまま適用する。

ここまでに得られた結果をつぎのようにまとめておく。

最適フィルタ 白色雑音 u によって駆動される線形システム

$$\frac{dx(t)}{dt} = Ax(t) + Bu(t), \quad x(t_0) = x_0 \tag{7.1}$$

の状態 x が，u と無相関な白色雑音 v を含む観測システム

$$y(t) = Cx(t) + Dv(t), \quad t \geq t_0 \tag{7.2}$$

を通してのみ観測できるものとする（ただし $D = I$）。このとき，リカッチ方程式

$$\frac{dP(t)}{dt} = BB^T + AP(t) + P(t)A^T - P(t)C^TCP(t), \tag{7.20}$$

$$P(t_0) = P_0$$

の準正定対称解 P を求めて

$$\begin{aligned} G_o(t) &= P(t)C^T \\ F_o(t) &= A - G_o(t)C \end{aligned} \tag{7.18}$$

とおくと，これによって定義される線形フィルタ

$$\frac{d\hat{x}(t)}{dt} = F_o(t)\hat{x}(t) + G_o(t)y(t), \quad \hat{x}(t_0) = m_0 \tag{7.10}$$

は

$$\begin{aligned} \frac{dz(t)}{dt} &= F(t)z(t) + G(t)y(t), \quad z(t_0) = z_0 \\ \bar{x}(t) &= H(t)z(t) \end{aligned} \tag{7.4}$$

なる形をしたすべての線形フィルタの間で誤差分散最小の**状態不偏推定値** (unbiased state-estimate) を生成する。このとき，リカッチ方程式(7.20)の解 P は線形フィルタ(7.10)による推定誤差分散に等しい。すなわち，等式

$$P(t) = \mathrm{E}(x(t) - \hat{x}(t))(x(t) - \hat{x}(t))^T, \quad t \geq t_0 \tag{7.30}$$

が成立する。

線形フィルタ(7.10)を，**カルマンフィルタ**(Kalman filter)または**カルマン・ビュシイのフィルタ**(Kalman-Bucy filter)と呼ぶ。ちなみに，線形フィルタ(7.10)は式(7.18)を用いてつぎの形に書き直すこともできる（図**7**.3を参照）。

$$\frac{d\hat{x}(t)}{dt} = A\hat{x}(t) + G_o(t)\nu(t), \quad \hat{x}(t_0) = m_0 \tag{7.31}$$

ここに，真の出力値 y と推定出力値 $C\hat{x}$ との差を ν とおいた。

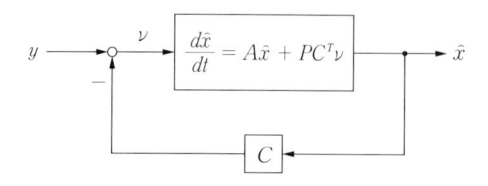

図7.3 最適フィルタのイノベーションに基づく表現

$$\nu(t) := y(t) - C\hat{x}(t) \tag{7.32}$$

最適フィルタのこの形式による表現はわれわれにきわめて明快な解釈を許す．すなわち，線形システム(7.1)と基本的に同じ動特性（パラメータ A）を持った状態モデルを用意し，その挙動を ν を用いて時々刻々修正することにより，最良の推定値が得られると考えることができる．ν は**イノベーション過程** (innovation process) と呼ばれる．

イノベーション過程 ν の平均値が 0 であることは容易にわかるが，実は ν にはさらに興味深い性質がある．簡単にいえば，ν は情報を含んだ白色雑音なのである．これを見るため，ν によって駆動される任意の線形システム

$$\frac{dz(t)}{dt} = F(t)z(t) + G(t)\nu(t), \quad z(t_0) = z_0 \tag{7.33}$$

の状態 z の挙動を調べてみる．z_0 は x_0 とたがいに無相関な2次確率変数のベクトルであるとする．方程式(7.33)に式(7.32)を代入し，方程式(7.22)と組み合わせるとつぎの方程式を得る．

$$\frac{d}{dt}\begin{bmatrix} e(t) \\ z(t) \end{bmatrix} = \begin{bmatrix} F_o(t) & 0 \\ G(t)C & F(t) \end{bmatrix}\begin{bmatrix} e(t) \\ z(t) \end{bmatrix} + \begin{bmatrix} B & -G_o(t) \\ 0 & G(t) \end{bmatrix}\begin{bmatrix} u(t) \\ v(t) \end{bmatrix} \tag{7.34}$$

ここで，e の平均値は 0 であったことに注意すると，上式から z の平均値関数 μ が満足すべき方程式

$$\frac{d\mu(t)}{dt} = F(t)\mu(t), \quad \mu(t_0) = \mathrm{E}z_0 \tag{7.35}$$

が得られる．つぎに分散行列

$$\begin{bmatrix} P(t) & \Gamma(t) \\ \Gamma(t)^T & \Pi(t) \end{bmatrix} := \mathrm{E}\begin{bmatrix} e(t) \\ z(t) - \mu(t) \end{bmatrix}\begin{bmatrix} e(t)^T & z(t)^T - \mu(t)^T \end{bmatrix} \tag{7.36}$$

の満足すべきリヤプノフ方程式

7.3 最適フィルタの導出

$$\frac{d}{dt}\begin{bmatrix} P & \Gamma \\ \Gamma^T & \Pi \end{bmatrix} = \begin{bmatrix} BB^T + G_o G_o^T & -G_o G^T \\ -G G_o^T & G G^T \end{bmatrix} + \begin{bmatrix} F_o & 0 \\ GC & F \end{bmatrix}\begin{bmatrix} P & \Gamma \\ \Gamma^T & \Pi \end{bmatrix}$$

$$+ \begin{bmatrix} P & \Gamma \\ \Gamma^T & \Pi \end{bmatrix}\begin{bmatrix} F_o & 0 \\ GC & F \end{bmatrix}^T \tag{7.37}$$

において,まず Γ に関する方程式をとりだして式(7.18)を用いると

$$\frac{d\Gamma(t)}{dt} = F_o(t)\Gamma(t) + \Gamma(t)F(t)^T \tag{7.38}$$

を得る。仮定により $\Gamma(t_0) = 0$ であるから,線形斉次方程式(7.38)の解 Γ は恒等的に 0 でなければならない。これから,Π に関する方程式

$$\frac{d\Pi(t)}{dt} = G(t)G(t)^T + F(t)\Pi(t) + \Pi(t)F(t)^T \tag{7.39}$$

が得られる。さらに,$t \geqq l$ に対して 2 次積率行列

$$\begin{bmatrix} \cdot & \cdot \\ \cdot & \Sigma(t,\ l) \end{bmatrix} := \mathrm{E}\begin{bmatrix} e(t) \\ z(t) - \mu(t) \end{bmatrix}\begin{bmatrix} e(l)^T & z(l)^T - \mu(l)^T \end{bmatrix} \tag{7.40}$$

を考える。微分方程式(7.34)の右辺の係数行列が生成する状態遷移行列を

$$\begin{bmatrix} \cdot & \cdot \\ \Psi(t,\ l) & \Phi(t,\ l) \end{bmatrix} \tag{7.41}$$

のように表せば,Σ は

$$\Sigma(t,\ l) = \Psi(t,\ l)\Gamma(l) + \Phi(t,\ l)\Pi(l) \tag{7.42}$$

の形に書かれる。このとき,Φ は F が生成する状態遷移行列であることに注意する。ここで Γ は恒等的に 0 であるから,右辺第 2 項だけが残る。すなわち,つぎの等式が成立する。

$$\mathrm{E}z(t)z(l) = \Phi(t,\ l)\Pi(l),\quad t \geqq l \tag{7.43}$$

線形方程式(7.35),リヤプノフ方程式(7.39)および式(7.43)を観察すると,イノベーション過程 ν は線形システム(7.33)に対し,状態 z の平均値と自己相関に関するかぎり白色雑音と同じ効果をもたらしていることがわかる。

これを推定システム(7.31)に適用すると,$\hat{x}$ は,観測雑音 v に駆動される架空の線形モデル

$$\frac{d\xi(t)}{dt} = A\xi(t) + G_0(t)v(t), \quad \xi(t_0) = m_0 \tag{7.44}$$

によって生成される ξ と平均値および自己相関を共有する確率過程であることがわかる．ただし，v は x_0 や u と無相関な白色雑音であるから，こうして得られる ξ は x の推定値としてはほとんど意味を持たない．このように，ν は単なる白色雑音ではなく，線形システム (7.1) の状態 x に関して y と同等の情報を含む白色雑音である．イノベーション過程 ν のこの白色性は，**確率的 LQ 制御問題** (stochastic LQ control problem) の解が完全状態観測を前提とする最適状態フィードバック則とカルマンフィルタとの串列形式で得られること（分離定理）への根拠としても重要な意味を持っている．興味のある読者の参考のため，あとの 7.6 節で確率的定常 LQ 制御問題における**分離定理** (separation theorem) を簡単に紹介する．

7.4 状態予測問題

上で論じた問題は，時刻 t において出力 $y(\tau)$, $t_0 \leq \tau < t$ の観測に基づいて状態 $x(t)$ を推定せよというものであったが，ここでは同じ出力 $y(\tau)$, $t_0 \leq \tau < t$ の観測に基づいて未来の状態 $x(t+h)$ を推定する問題を考える．素朴な考察を行えば，時間区間 $[t, t+h)$ における系の状態に関して新しい情報は得られていないのであるから，時刻 t における状態推定値をもとにつぎのような**予測** (prediction) を行うのが妥当であろう（**図 7.4**）．

$$\hat{x}(t+h|t) = e^{Ah}\hat{x}(t) \tag{7.45}$$

ここに，$\hat{x}(t)$ は過去の出力 $y(\tau)$, $t_0 \leq \tau < t$ から線形フィルタ (7.10) を通して得られる $x(t)$ の推定値を表し，$\hat{x}(t+h|t)$ は $x(t+h)$ に対する予測値を表す．以下に示すように，実はこれが

図 7.4 線形予測器

7.4 状態予測問題

$$\frac{dz(t)}{dt} = F(t)z(t) + G(t)y(t), \quad z(t_0) = z_0 \tag{7.46}$$

$$\bar{x}(t+h|t) = H(t)z(t)$$

なる形をしたすべての線形予測器の中で最良の予測値を生成する。

方程式(7.1)と(7.46)をあわせてできる，(x, z) に関する方程式

$$\frac{d}{dt}\begin{bmatrix} x(t) \\ z(t) \end{bmatrix} = \begin{bmatrix} A & 0 \\ G(t)C & F(t) \end{bmatrix}\begin{bmatrix} x(t) \\ z(t) \end{bmatrix} + \begin{bmatrix} B & 0 \\ 0 & G(t) \end{bmatrix}\begin{bmatrix} u(t) \\ v(t) \end{bmatrix} \tag{7.47}$$

の形から，2次積率行列

$$\begin{bmatrix} \cdot & \cdot \\ \cdot & \cdot \end{bmatrix} = \mathrm{E}\begin{bmatrix} x(\tau) \\ z(\tau) \end{bmatrix}[x(t)^T \quad z(t)^T] \tag{7.48}$$

が満足すべき微分方程式

$$\frac{\partial}{\partial \tau}\begin{bmatrix} \cdot & \cdot \\ \cdot & \cdot \end{bmatrix} = \begin{bmatrix} A & 0 \\ G(\tau)C & F(\tau) \end{bmatrix}\begin{bmatrix} \cdot & \cdot \\ \cdot & \cdot \end{bmatrix} \tag{7.49}$$

が得られる。ただし $\tau > t$ である。式(7.48)の左辺の (1,2) ブロックである $\mathrm{E}x(\tau)z(t)^T$ に注目すると，式(7.49)においてつぎの等式が成立していることがわかる。

$$\frac{\partial}{\partial \tau}(\mathrm{E}x(\tau)z(t)^T) = A(\mathrm{E}x(\tau)z(t)^T), \quad \tau > t \tag{7.50}$$

これから得られる等式

$$\mathrm{E}x(t+h)z(t)^T = e^{Ah}\mathrm{E}x(t)z(t)^T \tag{7.51}$$

を式(7.45)とあわせて，等式

$$\mathrm{E}(x(t+h) - \hat{x}(t+h|t))z(t)^T = e^{Ah}\mathrm{E}(x(t) - \hat{x}(t))z(t)^T \tag{7.52}$$

を得る。直交性の条件(7.8)より右辺は 0 となるので，等式(7.45)による予測値も同じ直交性の条件を満足していることがわかる。したがって，線形フィルタ(7.10)に予測式(7.45)を組み合わせてできる予測器は，線形モデル(7.46)が表現するすべての線形予測器の中で最良の予測器である。これによる予測が不偏推定になっていることは明らかであろう。

7.5 定常フィルタリング特性

線形システム

$$\frac{dx(t)}{dt} = Ax(t) + Bu(t), \quad x(t_0) = x_0 \tag{7.1}$$

において行列 A が安定,すなわちそのすべての固有値の実部が負であるとき,$t_0 \to -\infty$ の極限において弱定常過程 x が存在することを前章で見た。ここでは,線形システム(7.1)がこのような確率的定常状態にあるときの状態推定問題を考えよう。観測システムを表す式も再掲しておく。ただし $D = I$ である。

$$y(t) = Cx(t) + Dv(t), \quad t \geq t_0 \tag{7.2}$$

リカッチ方程式(7.20)の左辺を 0 とおいて得られる代数方程式

$$0 = BB^T + AP + PA^T - PCC^TP \tag{7.53}$$

を,同じく**リカッチ方程式**(Riccati equation)と呼ぶ。確定的 LQ 理論の教えるところによると,A が安定で (A, B) が可制御(すなわち (B^T, A^T) が可観測)であれば,リカッチ方程式(7.53)を満足する対称正定行列 P が存在する(付録 F 参照)。これは,リカッチ(微分)方程式(7.20)の**定常解**(steady-state solution)と呼ばれることもある。この P を用いて,行列

$$\begin{aligned} G_o &:= PC^T \\ F_o &:= A - G_oC \end{aligned} \tag{7.54}$$

を定義すると,行列 F_o は安定である(付録 F 参照)。したがって,F_o と G_o を係数とする時不変の線形フィルタ

$$\frac{d\hat{x}(t)}{dt} = F_o\hat{x}(t) + G_o y(t), \quad \hat{x}(t_0) = 0 \tag{7.55}$$

は,$t_0 \to -\infty$ の極限(以後,「定常状態」と呼ぶ)において,線形システム(7.1)とともに平均 0 の弱定常過程 $(x, \hat{x})$ を生成する。そして結論を先に述べれば,これはすべての時不変で安定な線形フィルタ

$$\frac{dz(t)}{dt} = Fz(t) + Gy(t)$$
$$\bar{x}(t) = Hz(t) \tag{7.56}$$

の間で最良の不偏推定器である．定常状態における推定に関する限り初期値は無関係であるので，線形フィルタ(7.56)を (F, G, H) と書く．

上記結論を導く第一段階として，線形フィルタ (F_o, G_o, I) が定常状態において直交性の条件

$$\mathrm{E}(x(t) - \hat{x}(t))\hat{x}(t)^T = 0 \tag{7.9}$$

を満足することを確かめよう．前と同様，線形システムの状態方程式(7.1)と観測方程式(7.2)にフィルタ方程式(7.55)を組み合わせ，適当な変数変換を行うと，つぎの拡大状態モデルが得られる．

$$\frac{d}{dt}\begin{bmatrix} e(t) \\ \hat{x}(t) \end{bmatrix} = \begin{bmatrix} F_o & 0 \\ G_oC & A \end{bmatrix}\begin{bmatrix} e(t) \\ \hat{x}(t) \end{bmatrix} + \begin{bmatrix} B & -G_o \\ 0 & G_o \end{bmatrix}\begin{bmatrix} u(t) \\ v(t) \end{bmatrix} \tag{7.57}$$

ここに e は推定誤差 $x - \hat{x}$ を表す．また，式(7.54)をすでに用いた．必然的に右辺第1項の係数行列が安定であることに注意しておく．これによって定義される弱定常2次過程 $(e, \hat{x})$ の2次積率行列

$$\begin{bmatrix} S & N \\ N^T & M \end{bmatrix} := \mathrm{E}\begin{bmatrix} e(t) \\ \hat{x}(t) \end{bmatrix}\begin{bmatrix} e(t)^T & \hat{x}(t)^T \end{bmatrix} \tag{7.58}$$

の満足すべき（代数的）リヤプノフ方程式はつぎの形に書かれる．

$$0 = \begin{bmatrix} BB^T + G_oG_o^T & -G_oG_o^T \\ -G_oG_o^T & G_oG_o^T \end{bmatrix}$$
$$+ \begin{bmatrix} F_o & 0 \\ G_oC & A \end{bmatrix}\begin{bmatrix} S & N \\ N^T & M \end{bmatrix} + \begin{bmatrix} S & N \\ N^T & M \end{bmatrix}\begin{bmatrix} F_o & 0 \\ G_oC & A \end{bmatrix}^T \tag{7.59}$$

これから，まず推定誤差分散 S に関するリヤプノフ方程式

$$0 = BB^T + G_oG_o^T + F_oS + SF_o^T \tag{7.60}$$

が得られる．これを，リカッチ方程式(7.53)を書き直して得られるリヤプノフ方程式

$$0 = BB^T + G_oG_o^T + F_oP + PF_o^T \tag{7.61}$$

と比較すると,解の一意性によって $S = P$ であることがわかる。この事実と式(7.54)をもとに N の満足すべき方程式を整理すると,線形斉次方程式

$$0 = F_o N + NA^T \tag{7.62}$$

が導かれる。左右から $e^{F_o t}$ と $e^{A^T t}$ をそれぞれ乗じて 0 から t まで積分すると

$$0 = e^{F_o t} N e^{A^T t} - N \tag{7.63}$$

なる等式を得るが,F_o と A^T がともに安定行列ゆえ,$t \to +\infty$ の極限において右辺第1項は 0 に収束する。よって $N = 0$ である。これは定常状態において直交性の条件(7.9)が満足されていることを意味する。リカッチ方程式(7.53)の解 P が推定誤差分散を表していることもあわせて確かめられた。

つぎに,フィルタ(F_o, G_o, I)がすべての安定な線形フィルタ(F, G, H)の中で最良であることを見よう。最良とは,これを直交性の条件として述べれば,任意の安定な線形フィルタ(F, G, H)が定常状態において生成する2次過程 z に対し,各時刻 t で等式

$$\mathrm{E}(x(t) - \hat{x}(t))z(t)^T = 0 \tag{7.8}$$

が成立することである。状態方程式(7.1)と出力方程式(7.2)にフィルタ方程式(7.55)と(7.56)を組み合わせ,適当な変数変換を行うと,つぎのような拡大システムが得られる。

$$\frac{d}{dt}\begin{bmatrix} x(t) \\ e(t) \\ z(t) \end{bmatrix} = \begin{bmatrix} A & 0 & 0 \\ 0 & F_o & 0 \\ GC & 0 & F \end{bmatrix}\begin{bmatrix} x(t) \\ e(t) \\ z(t) \end{bmatrix} + \begin{bmatrix} B & 0 \\ B & -G_o \\ 0 & G \end{bmatrix}\begin{bmatrix} u(t) \\ v(t) \end{bmatrix} \tag{7.64}$$

これから,定常2次積率行列

$$\begin{bmatrix} Q & P & \cdot \\ P & P & R \\ \cdot & R^T & \cdot \end{bmatrix} := \mathrm{E}\begin{bmatrix} x(t) \\ e(t) \\ z(t) \end{bmatrix}\begin{bmatrix} x(t)^T & e(t)^T & z(t)^T \end{bmatrix} \tag{7.65}$$

はリヤプノフ方程式

$$0 = \begin{bmatrix} BB^T & BB^T & 0 \\ BB^T & BB^T + G_oG_o^T & -G_oG^T \\ 0 & -GG_o^T & GG^T \end{bmatrix} + \begin{bmatrix} A & 0 & 0 \\ 0 & F_o & 0 \\ GC & 0 & F \end{bmatrix}\begin{bmatrix} Q & P & \cdot \\ P & P & R \\ \cdot & R^T & \cdot \end{bmatrix}$$

$$+ \begin{bmatrix} Q & P & \cdot \\ P & P & R \\ \cdot & R^T & \cdot \end{bmatrix}\begin{bmatrix} A & 0 & 0 \\ 0 & F_o & 0 \\ GC & 0 & F \end{bmatrix}^T \tag{7.66}$$

を満足する。式(7.65)において，$e(t)$ と $\hat{x}(t)$ との直交性に基づく$\mathrm{E}x(t)e(t)^T$ $= P$ なる関係が用いられている。式(7.66)から R に関する方程式をとりだし，式(7.54)を用いて整理すると，つぎのような線形斉次方程式を得る。

$$0 = F_o R + RF^T \tag{7.67}$$

仮定によって F が安定であるから，線形方程式(7.62)に対すると同様の方法で $R := \mathrm{E}e(t)z(t)^T = 0$ が導かれる。こうして，線形フィルタ (F_o, G_o, I) は，定常状態において，式(7.8)（およびその周辺の記述）が規定する直交性の条件を満足することが示された。

状態予測に関しては非定常の場合の議論がそのまま適用できる。結果だけ述べれば定常状態において，線形フィルタ(7.55)と予測式(7.45)の組合せが最良の線形予測器である。

最後に，前節と同様，イノベーション過程に基づく線形フィルタの表現

$$\frac{d\hat{x}(t)}{dt} = A\hat{x}(t) + G_o\nu(t)$$
$$\nu(t) := y(t) - C\hat{x}(t) \tag{7.68}$$

における ν の白色性について見ておこう。そのために，任意の安定な線形モデル

$$\frac{dz(t)}{dt} = Fz(t) + G\nu(t) \tag{7.69}$$

の定常状態における状態挙動を調べる。方程式(7.1)，(7.68)および(7.69)と式(7.54)から，(e, z) に関するつぎの方程式を得る。

$$\frac{d}{dt}\begin{bmatrix} e(t) \\ z(t) \end{bmatrix} = \begin{bmatrix} F_o & 0 \\ GC & F \end{bmatrix}\begin{bmatrix} e(t) \\ z(t) \end{bmatrix} + \begin{bmatrix} B & -G_o \\ 0 & G \end{bmatrix}\begin{bmatrix} u(t) \\ v(t) \end{bmatrix} \quad (7.70)$$

これから，定常2次積率行列

$$\begin{bmatrix} P & \Gamma \\ \Gamma^T & \Pi \end{bmatrix} := \mathrm{E}\begin{bmatrix} e(t) \\ z(t) \end{bmatrix}\begin{bmatrix} e(t)^T & z(t)^T \end{bmatrix} \quad (7.71)$$

の満足すべきリヤプノフ方程式はつぎの形に書かれる。

$$0 = \begin{bmatrix} BB^T + G_o G_o^T & -G_o G^T \\ -GG_o^T & GG^T \end{bmatrix}$$
$$+ \begin{bmatrix} F_o & 0 \\ GC & F \end{bmatrix}\begin{bmatrix} P & \Gamma \\ \Gamma^T & \Pi \end{bmatrix} + \begin{bmatrix} P & \Gamma \\ \Gamma^T & \Pi \end{bmatrix}\begin{bmatrix} F_o & 0 \\ GC & F \end{bmatrix}^T \quad (7.72)$$

これは，Γに関する等式

$$0 = (PC^T - G_o)G^T + F_o \Gamma + \Gamma F^T \quad (7.73)$$

を含むが，右辺第1項はG_oの定義式(7.54)によって0であるから，線形方程式(7.62)に対すると同様の論法でΓは0とわかる。これから，zの定常分散Πはつぎのリヤプノフ方程式の解でなければならない。

$$0 = GG^T + F\Pi + \Pi F^T \quad (7.74)$$

つぎに，$t \geq l$に対して定義される2次積率行列

$$\begin{bmatrix} \cdot & \cdot \\ \cdot & \Sigma(t-l) \end{bmatrix} := \mathrm{E}\begin{bmatrix} e(t) \\ z(t) \end{bmatrix}\begin{bmatrix} e(l)^T & z(l)^T \end{bmatrix} \quad (7.75)$$

について式(7.41)に続く議論をそのまま適用することにより，(7.43)に相当する等式

$$\mathrm{E}z(t)z(l) = e^{F(t-l)}\Pi, \quad t \geq l \quad (7.76)$$

を得る。この等式は，リヤプノフ方程式(7.74)ととともに，入力νが状態zに対して白色雑音vと同じ効果をもたらすことを示している。こうして，線形モデル(7.69)が最適フィルタ(7.68)とともに定常状態にあるとき，状態zの自己相関を通して見る限りにおいてνは白色雑音と等価であることがわかった。

7.6 確率的 LQ 制御問題と分離定理

ここでは，制御問題と本書の主題である状態推定とのかかわり方の一端を見るために，白色雑音 w と v のほかに，操作入力 u を持つ線形システム

$$\frac{dx(t)}{dt} = Ax(t) + Bu(t) + Dw(t),$$
$$y(t) = Cx(t) + v(t) \tag{7.77}$$

を対象とする確率的 LQ 制御問題を考える．確定的 LQ 問題と異なるのは，制御対象が白色雑音を含むシステムであることと，以下に見るように，平均された評価指標を用いることである．ここでは，A が安定で (A, D) が可制御との仮定のもとに，定常状態における制御問題を限定的に論じる．(A, B) を可制御，(C, A) を可観測と仮定し A の安定性を用いない議論も可能であるが，前節との整合性を考慮して前者のみ論じる．なお，文字 u の役目が前節と異なることに注意されたい．

さしあたり状態 x が観測できるとの前提のもとに，つぎのような**制御装置** (controller) による，動的な状態フィードバック制御を想定する（図 7.5）．

$$\frac{dz(t)}{dt} = Fz(t) + Gx(t),$$
$$u(t) = -Kx(t) + Lz(t) \tag{7.78}$$

w と v はつぎのような白色雑音を表す．

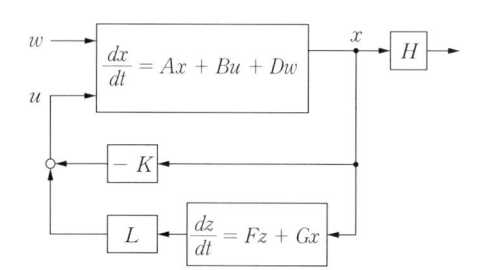

図 7.5　状態フィードバック制御の基本構成

$$\mathrm{E}\begin{bmatrix} w(t) \\ v(t) \end{bmatrix}[w(l)^T \quad v(l)^T] = \begin{bmatrix} I & 0 \\ 0 & I \end{bmatrix}\delta(t-l) \tag{7.79}$$

パラメータ行列の組 (F, G, K, L) は，結合システム(7.77)〜(7.78)を安定とするように選ばれるものとする．いい換えれば，行列

$$\begin{bmatrix} A-BK & BL \\ G & F \end{bmatrix} \tag{7.80}$$

が安定であるとする．このような (F, G, K, L) の中で，定常状態における評価関数

$$J := \mathrm{E}(x(t)^T H^T H x(t) + u(t)^T u(t)) \tag{7.81}$$

を最小にするものを探してみよう．H は，(H, A) が可観測となるように選ばれる荷重行列である．

評価関数(7.81)は，定常分散行列

$$\begin{bmatrix} Q & R \\ R^T & S \end{bmatrix} := \mathrm{E}\begin{bmatrix} x(t) \\ z(t) \end{bmatrix}[x(t)^T \quad z(t)^T] \tag{7.82}$$

を用いてつぎのように書き直すことができる．

$$J = \mathrm{trace}[H \quad 0]\begin{bmatrix} Q & R \\ R^T & S \end{bmatrix}\begin{bmatrix} H^T \\ 0 \end{bmatrix} + \mathrm{trace}[-K \quad L]\begin{bmatrix} Q & R \\ R^T & S \end{bmatrix}\begin{bmatrix} -K^T \\ L^T \end{bmatrix} \tag{7.83}$$

ただし定常分散(7.82)は，つぎのリヤプノフ方程式にしたがう．

$$\begin{bmatrix} 0 & 0 \\ 0 & 0 \end{bmatrix} = \begin{bmatrix} DD^T & 0 \\ 0 & 0 \end{bmatrix} + \begin{bmatrix} A-BK & BL \\ G & F \end{bmatrix}\begin{bmatrix} Q & R \\ R^T & S \end{bmatrix}$$

$$+ \begin{bmatrix} Q & R \\ R^T & S \end{bmatrix}\begin{bmatrix} A-BK & BL \\ G & F \end{bmatrix}^T \tag{7.84}$$

ここで，やや唐突ながら，対称正定行列 Π がリカッチ方程式

$$0 = H^T H + A^T \Pi + \Pi A - \Pi BB^T \Pi \tag{7.85}$$

を満足しているものとする（付録 F 参照）．式(7.84)の両辺に右から行列

$$\begin{bmatrix} \Pi & 0 \\ 0 & 0 \end{bmatrix}$$

を乗じ，式(7.85)から得られる等式

$$\begin{bmatrix} 0 & 0 \\ 0 & 0 \end{bmatrix} = \begin{bmatrix} H^T \\ 0 \end{bmatrix}[H\ \ 0] + \begin{bmatrix} A & 0 \\ G & F \end{bmatrix}^T \begin{bmatrix} \Pi & 0 \\ 0 & 0 \end{bmatrix} + \begin{bmatrix} \Pi & 0 \\ 0 & 0 \end{bmatrix}\begin{bmatrix} A & 0 \\ G & F \end{bmatrix}$$

$$- \begin{bmatrix} \Pi & 0 \\ 0 & 0 \end{bmatrix}\begin{bmatrix} B \\ 0 \end{bmatrix}[B^T\ \ 0]\begin{bmatrix} \Pi & 0 \\ 0 & 0 \end{bmatrix}$$

の両辺に左から

$$\begin{bmatrix} Q & R \\ R^T & S \end{bmatrix}$$

を乗じて辺々差をとり，適当な数式操作を行うと式(7.83)の右辺をつぎのように変形することができる。

$$J = \mathrm{trace}D^T\Pi D + \mathrm{trace}[B^T\Pi - K\ \ L]\begin{bmatrix} Q & R \\ R^T & S \end{bmatrix}\begin{bmatrix} \Pi B - K^T \\ L^T \end{bmatrix} \tag{7.86}$$

右辺第2項は非負の値をとるから，これを0とするパラメータ

$$K = B^T\Pi$$
$$L = 0 \tag{7.87}$$

が評価関数 J の最小値 $\mathrm{trace}D^T\Pi D$ を与える。結果として F と G は無関係であったことになる。すなわち，**最適制御**（optimal control）は図7.6に示すように，リカッチ方程式(7.85)を解いて得られる静的な安定化状態フィードバック制御

$$u(t) = -B^T\Pi x(t) \tag{7.88}$$

によって実現されることがわかる。この結論は，D が0の場合に

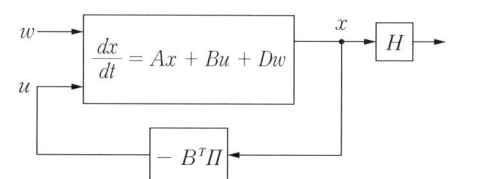

図7.6 最適な状態フィードバック制御

$$I := \int_0^\infty (x(t)^T H^T H x(t) + u(t)^T u(t)) dt$$

を評価関数とする確定的 LQ 問題の解そのものであることにも注意しておく。すなわち，状態に対する完全な知識を前提とする限り，制御系の最適性は白色雑音の有無とは無関係である。

つぎに，状態 x が直接には観測できず，出力 y のみが観測できる場合を考える。上と同様に

$$\frac{dz(t)}{dt} = Fz(t) + Gy(t)$$
$$u(t) = -My(t) + Nz(t)$$
(7.89)

なる形の制御装置を考えておく。こうして定義される制御則 (F, G, M, N) が閉ループ系を安定にするとき，すなわち行列

$$\begin{bmatrix} A - BMC & BN \\ GC & F \end{bmatrix}$$
(7.90)

が安定であるとき，これに**許容制御**（admissible control）という用語をあてることにする。

いまから，許容制御の中で評価関数(7.81)を最小にするものを求めたいのであるが，これをつぎのように間接的な方法で行う。まず，図 **7.7** に示すように，制御対象だけを対象にした形式的なカルマンフィルタ

$$\frac{d\hat{x}(t)}{dt} = A\hat{x}(t) + Bu(t) + PC^T \nu(t)$$
$$\nu(t) = y(t) - C\hat{x}(t)$$
(7.91)

を構成する。ここに P はリカッチ方程式

$$0 = DD^T + AP + PA^T - PC^T CP$$
(7.92)

を満足する対称正定行列である。このとき，推定誤差

$$e(t) := x(t) - \hat{x}(t)$$
(7.93)

とイノベーション ν に関してつぎのようなことがいえる。

① e は u に依存せず，$\hat{x}$ と直交する。

② ν は u に依存せず，7.5 節に述べた意味で，白色雑音である。

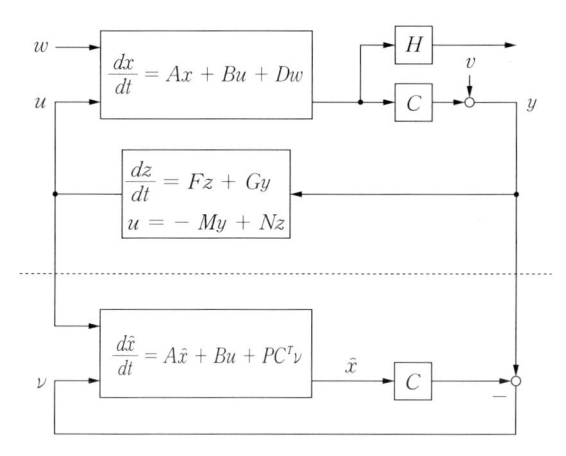

7.6 確率的 LQ 制御問題と分離定理　　123

図 7.7 出力フィードバック制御とカルマンフィルタ

これらを確かめる。方程式 (7.77) と (7.91) とから，推定誤差 e は方程式

$$\frac{de(t)}{dt} = (A - PC^T C)e(t) + Dw(t) - PC^T v(t) \tag{7.94}$$

に従い，したがって操作入力 u とは無関係であることがわかる。これで ① の前半が確かめられた。② を確かめるために，架空のシステム

$$\frac{d\xi(t)}{dt} = A\xi(t) + Dw(t)$$
$$\tilde{y}(t) = C\xi(t) + v(t) \tag{7.95}$$

に対するカルマンフィルタ

$$\frac{d\hat{\xi}(t)}{dt} = A\hat{\xi}(t) + PC^T \tilde{\nu}(t)$$
$$\tilde{\nu}(t) = \tilde{y}(t) - C\hat{\xi}(t) \tag{7.96}$$

を考えてみる。すると 7.5 節によって，イノベーション $\tilde{\nu}$ は白色雑音である。推定誤差 $\xi - \hat{\xi}$ は式 (7.94) を満足し，したがって式 (7.93) が定義する e と同一である。これから，ν と $\tilde{\nu}$ は共通の表現

$$\nu(t) = Ce(t) + v(t) = \tilde{\nu}(t)$$

を持ち，したがって ν は $\tilde{\nu}$ と同じ白色雑音であるとわかる。

さらに ① の後半を確かめるために，もう一つの架空のシステム

$$\frac{d\bar{x}(t)}{dt} = A\bar{x}(t) + Bu(t) \tag{7.97}$$

を考える.このとき

$$\begin{aligned} x(t) &= \bar{x}(t) + \xi(t), \\ y(t) &= C\bar{x}(t) + \tilde{y}(t) \end{aligned} \tag{7.98}$$

という関係に注意しながら式(7.89)と(7.97)を結合すると,つぎの方程式を得る.

$$\begin{aligned} \frac{d}{dt}\begin{bmatrix} \bar{x}(t) \\ z(t) \end{bmatrix} &= \begin{bmatrix} A - BMC & BN \\ GC & F \end{bmatrix}\begin{bmatrix} \bar{x}(t) \\ z(t) \end{bmatrix} + \begin{bmatrix} -BM \\ G \end{bmatrix}\tilde{y}(t) \\ \begin{bmatrix} u(t) \\ y(t) \end{bmatrix} &= \begin{bmatrix} -MC & N \\ C & 0 \end{bmatrix}\begin{bmatrix} \bar{x}(t) \\ z(t) \end{bmatrix} + \begin{bmatrix} -M \\ I \end{bmatrix}\tilde{y}(t) \end{aligned} \tag{7.99}$$

これと式(7.91)との組合せから,推定された状態 $\hat{x}$ は,架空のシステム(7.95)からの観測信号 $\tilde{y}$ を入力とする安定な線形フィルタの出力と考えることができるので,推定誤差 $e(=\xi-\hat{\xi})$ と直交する.

性質 ① を用いると,評価関数(7.81)をつぎのように書き直すことができる.

$$J := \mathrm{E}(\hat{x}(t)^T H^T H \hat{x}(t) + u(t)^T u(t)) + \mathrm{E}(e(t)^T H^T H e(t)) \tag{7.100}$$

右辺末尾の項は,再び性質 ① によって操作入力 u に無関係なので,評価関数から除いて考えることができる.このようにして問題は,白色雑音 ν を含む線形システム(7.91)において「状態 $\hat{x}$」が観測できるとの前提で評価関数(7.100)を最小にする問題に帰着する.これにより,導出過程をそのままたどった結果として,制御則(7.88)における状態 x を単純にその推定値で置き換えた形の制御則

$$u(t) = -B^T \Pi \hat{x}(t) \tag{7.88'}$$

が得られる.したがって,**最適制御装置** (optimal controller) は図**7.8**のように,カルマンフィルタ(7.91)を,既に求められていた最適状態フィードバック則(7.88)に串列結合することによって実現される.このように,状態推定問題と制御問題とをたがいに分離して扱えることを述べたのが分離定理である.

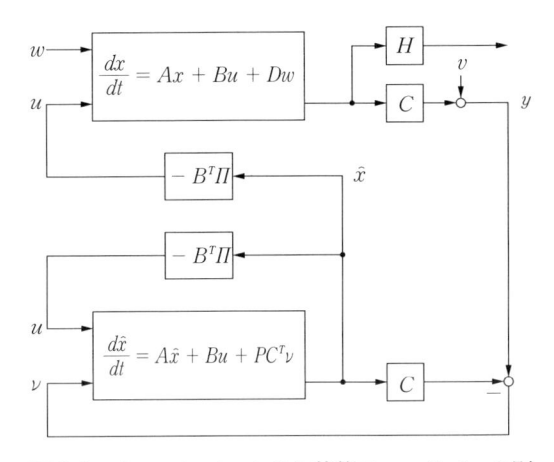

図 7.8 カルマンフィルタと状態フィードバック則による最適制御系の構成

最適な制御装置はまた，$\hat{x}$ を z と見なせば，パラメータ

$$(F, G, M, N) = (A - BB^T\Pi - PC^TC, PC^T, 0, -B^T\Pi) \tag{7.101}$$

を用いて式(7.89)の形に書くことができる．この特別な制御則が許容制御則であることは，相似変換

$$\begin{bmatrix} I & 0 \\ -I & I \end{bmatrix} \begin{bmatrix} A & -BB^T\Pi \\ PC^TC & A - BB^T\Pi - PC^TC \end{bmatrix} \begin{bmatrix} I & 0 \\ I & I \end{bmatrix}$$

$$= \begin{bmatrix} A - BB^T\Pi & -BB^T\Pi \\ 0 & A - PC^TC \end{bmatrix}$$

によって安定行列（右辺）が得られることより確かめられる．

7.7 二つの例題

　この節では，これまでに見てきた確率的状態推定理論の適用手順を確認することを目的として，二つの例題を考察する．ここでは状態次数 1 の特殊なシステムを対象とするため，簡単な数式操作のみで結果が得られるが，多くの場

合，リカッチ方程式を解くために数値計算が行われる．

例 7.1　未知定数の推定

平均値 0，分散 1 の確率変数 x_0 を，観測

$$y(t) = x_0 + v(t), \quad t \geq t_0 \tag{7.102}$$

に基づいて推定する問題を考える．v は自己相関関数が $\delta(\cdot)$ であるような白色雑音とする．この問題を 7.1 節の議論にあうように再定式化すると，推定の対象システムと観測システムはそれぞれつぎのようになる．

$$\frac{dx(t)}{dt} = 0, \quad x(0) = x_0 \tag{7.103}$$

$$y(t) = x(t) + v(t) \tag{7.104}$$

これに 7.3 節の結果を適用すると，各時刻 $t \geq t_0$ における x_0 の最小誤差分散推定値がつぎのカルマンフィルタにより求められることがわかる．

$$\frac{d\hat{x}(t)}{dt} = P(t)(y(t) - \hat{x}(t)), \quad \hat{x}(t_0) = 0 \tag{7.105}$$

ここに，P はリカッチ方程式

$$\frac{dP(t)}{dt} = -P(t)^2, \quad P(t_0) = 1 \tag{7.106}$$

の唯一解として定まる関数

$$P(t) = \frac{1}{1 + t - t_0}, \quad t \geq t_0 \tag{7.107}$$

である．

式 (7.107) において，$t_0 \to -\infty$ とすると $P(t) \to 0$．すなわち，現在時刻における推定値は，観測開始時刻を早める（観測時間を長くとる）につれて，2 乗平均収束の意味で真値に近づく．

例 7.2　1 次系の状態推定

つぎのシステムが定常状態にあるとする．

$$\frac{dx(t)}{dt} = -\frac{\alpha}{2}x(t) + \sqrt{\alpha}\,u(t) \tag{7.108}$$

ここに，α は正の定数である．また観測系として

$$y(t) = x(t) + v(t) \tag{7.109}$$

を考える．u と v はつぎのような相互相関を持つ白色雑音とする．

$$\mathrm{E}\begin{bmatrix}u(t)\\v(t)\end{bmatrix}\begin{bmatrix}u(l) & v(l)\end{bmatrix} = \begin{bmatrix}1 & 0\\0 & 1\end{bmatrix}\delta(t-l) \tag{7.110}$$

これに 7.5 節の結果を適用すると，つぎの定常カルマンフィルタが得られる。

$$\frac{d\widehat{x}(t)}{dt} = -\frac{\alpha}{2}\widehat{x}(t) + P(y(t) - \widehat{x}(t)) \tag{7.111}$$

ここに，P はリカッチ方程式

$$0 = \alpha - \alpha P - P^2 \tag{7.112}$$

の正の解として定まる定数

$$P = \frac{\sqrt{\alpha^2 + 4\alpha} - \alpha}{2} \tag{7.113}$$

である。

状態 x の定常分散 Q は，リヤプノフ方程式

$$0 = \alpha - \alpha Q \tag{7.114}$$

の解であり，パラメータ $\alpha > 0$ によらず $Q = 1$ である。一方，推定誤差分散 P のほうは，α が小さくなるにつれて限りなく 0 に近づく。

〔備考〕 すでに見たように，**例 7.2** の推定対象である定常 2 次過程 x は，パラメータ α に無関係な分散 1 を持つ。さらに，この 2 次過程 x の自己相関関数が

$$\mathrm{E}x(t)x(l) = e^{-\frac{\alpha}{2}|t-l|} \tag{7.115}$$

という形を持つ（6.4 節を参照）ことから，任意の t と任意の $T > 0$ に対してつぎの等式が成立する。

$$\lim_{\alpha \to +0} \max_{t-T \leq l \leq t+T} \mathrm{E}(x(t) - x(l))^2 = 0 \tag{7.116}$$

すなわち，$\alpha > 0$ を小さくとっていくと，x は，式(7.116)の意味で，変化のより緩慢な確率過程となる。このことは，$\alpha \to +0$ の極限として，**例 7.1** に似た「定数を推定する問題」を連想させるが，実は定常 2 次過程 x には 2 乗平均の意味の極限（としての 2 次過程）が存在しない。このことを見るために，状態方程式(7.108)を，パラメータ α への依存性を表示する形に書き直す。

$$\frac{dx(t,\alpha)}{dt} = -\frac{\alpha}{2}x(t,\alpha) + \sqrt{\alpha}\,u(t) \tag{7.117}$$

これを，α を β に置き換えてできるもう一つの状態方程式と組み合わせると，形式的に 2 次元の状態方程式

を得る。こうすることによって，共分散行列

$$\frac{d}{dt}\begin{bmatrix} x(t,\ \alpha) \\ x(t,\ \beta) \end{bmatrix} = \begin{bmatrix} -\dfrac{\alpha}{2} & 0 \\ 0 & -\dfrac{\beta}{2} \end{bmatrix}\begin{bmatrix} x(t,\ \alpha) \\ x(t,\ \beta) \end{bmatrix} + \begin{bmatrix} \sqrt{\alpha} \\ \sqrt{\beta} \end{bmatrix} u(t) \tag{7.118}$$

を得る。こうすることによって，共分散行列

$$Q(\alpha,\ \beta) := \mathrm{E}\begin{bmatrix} x(t,\ \alpha) \\ x(t,\ \beta) \end{bmatrix}[x(t,\ \alpha)\quad x(t,\ \beta)] \tag{7.119}$$

を，リヤプノフ方程式

$$0 = \begin{bmatrix} \alpha & \sqrt{\alpha\beta} \\ \sqrt{\alpha\beta} & \beta \end{bmatrix} + \begin{bmatrix} -\dfrac{\alpha}{2} & 0 \\ 0 & -\dfrac{\beta}{2} \end{bmatrix} Q + Q \begin{bmatrix} -\dfrac{\alpha}{2} & 0 \\ 0 & -\dfrac{\beta}{2} \end{bmatrix} \tag{7.120}$$

の解として求めることができ，それがつぎのような形であるとわかる。

$$Q(\alpha,\ \beta) = \begin{bmatrix} 1 & \dfrac{2\sqrt{\alpha\beta}}{\alpha+\beta} \\ \dfrac{2\sqrt{\alpha\beta}}{\alpha+\beta} & 1 \end{bmatrix} \tag{7.121}$$

これから，つぎの等式が見いだされる。

$$\mathrm{E}x(t,\ \alpha)x(t,\ \beta) = \frac{2\sqrt{\alpha\beta}}{\alpha+\beta} \tag{7.122}$$

この式の右辺は，α または β のどちらか一方を先に $\to +0$ とすると 0 に収束し，α と β をたがいに等しく保ちながら $\to +0$ とすると 1 に収束する。よって，ロエーブの判定法（5.3節を参照）により，各 t において $x(t,\ \alpha)$ は 2 乗平均収束しない，すなわち 2 次過程 $x(\cdot,\ \alpha)$ は極限を持たないことがわかる。分散が α によらず 1 で，式(7.116)のような性質がありながら，その極限は分散 1 の確率変数（t に関して定数）ではないのである。

7.8　白色でない観測雑音に対するフィルタリング特性

これまで，雑音はすべて白色雑音であるとして議論してきた。ここでは，雑音が，整形フィルタと白色雑音の組合せによって表現できる弱定常 2 次過程（6.5節を参照）である場合について，これまでの議論との関係を考えてみる。まず，システムの駆動雑音 u が白色雑音でない場合については，システムの方程式（これはもはや状態方程式とは呼べない）と整形フィルタを合併するこ

7.8 白色でない観測雑音に対するフィルタリング特性

とにより白色雑音を含む状態方程式が得られるので，u をはじめから白色雑音としておいてもよかったことになる（一般性を損なわないという意味で）。そこで，観測雑音 v のみが白色でない場合を考える。議論の仕方は何通りか考えられるが，ここでは簡単に，白色の観測雑音を想定して作られたカルマンフィルタが，白色でない観測雑音のもとでどのようなフィルタリング特性を示すかを論じることにする。ただし，7.5 節と同様，確率的定常状態における状態推定を考える。

観測雑音 v が弱定常 2 次過程で，白色雑音 w を含む線形モデル

$$\frac{dz(t)}{dt} = Mz(t) + Nw(t) \tag{7.123 a}$$

$$v(t) = Hz(t) \tag{7.123 b}$$

によって表現されるとする。M を安定行列とし，白色雑音 u，w に関して

$$\mathrm{E}\begin{bmatrix} u(t) \\ w(t) \end{bmatrix} \begin{bmatrix} u(l)^T & w(l)^T \end{bmatrix} = \begin{bmatrix} I & 0 \\ 0 & I \end{bmatrix} \delta(t-l) \tag{7.124}$$

が成り立つとする。これに，白色の観測雑音を想定して作ったカルマンフィルタ(7.55)を適用したとき，どのような推定精度が得られるか調べる。

式(7.57)の上半分を取り出すと

$$\frac{de(t)}{dt} = F_o e(t) + (B - G_o) \begin{bmatrix} u(t) \\ v(t) \end{bmatrix} \tag{7.125}$$

これを式(7.123)と組み合わせて

$$\frac{d}{dt}\begin{bmatrix} e(t) \\ z(t) \end{bmatrix} = \begin{bmatrix} F_o & -G_o H \\ 0 & M \end{bmatrix}\begin{bmatrix} e(t) \\ z(t) \end{bmatrix} + \begin{bmatrix} B & 0 \\ 0 & N \end{bmatrix}\begin{bmatrix} u(t) \\ w(t) \end{bmatrix} \tag{7.126}$$

を得る。6.5 節の結果を式(7.124)と(7.126)に適用すると，推定誤差 e のパワースペクトル密度 Σ_e に関するつぎの表現式が得られる。

$$\Sigma_e(\omega) = \Phi(j\omega) BB^T \Phi(-j\omega)^T + \Phi(j\omega) G_o \Sigma_v(\omega) G_o^T \Phi(-j\omega)^T \tag{7.127}$$

ここに

$$\Phi(j\omega) := (j\omega I - F_o)^{-1} \tag{7.128}$$

$$\Sigma_v(\omega) := H(j\omega I - M)^{-1} NN^T (j\omega I - M)^{-T} H^T \tag{7.129}$$

とおいた。このうち，Σ_v は観測雑音 v のパワースペクトル密度を表している。

一方，観測雑音 v が式 (7.3) のような白色雑音のとき，推定誤差 e のパワースペクトル密度を Σ_e^0 と書けば，式 (7.3) と (7.125) から

$$\Sigma_e^0(\omega) = \Phi(j\omega) BB^T \Phi(-j\omega)^T + \Phi(j\omega) G_o G_o^T \Phi(-j\omega)^T \tag{7.130}$$

式 (7.127) から式 (7.130) を辺々引いてのち積分すると

$$\begin{aligned}&\frac{1}{2\pi}\int_{-\infty}^{+\infty}\Sigma_e(\omega)d\omega - \frac{1}{2\pi}\int_{-\infty}^{+\infty}\Sigma_e^0(\omega)d\omega \\ &= \frac{1}{2\pi}\int_{-\infty}^{+\infty}\Phi(j\omega)G_o(\Sigma_v(\omega)-I)G_o^T\Phi(-j\omega)^T d\omega\end{aligned} \tag{7.131}$$

を得る。ここで，左辺第 2 項がリカッチ方程式 (7.53) の正定解 P に等しいことに注意すれば (6.5 節を参照)，つぎの結論が得られる。

観測雑音が白色でない場合の推定誤差　観測雑音 v のパワースペクトル密度 Σ_v が

$$\Sigma_v(\omega) \leqq I, \quad -\infty < \omega < +\infty \tag{7.132}$$

を満足するならば，カルマンフィルタ (7.55) による推定誤差に関して

$$\mathrm{E}(x(t) - \hat{x}(t))(x(t) - \hat{x}(t))^T < P \tag{7.133}$$

が成立する。観測雑音 v を白色とすれば，不等号は等号に置き換わる。

これは，白色雑音以外に，カルマンフィルタを用いたときの推定誤差が P を下回るような観測雑音のクラスを，パワースペクトル密度の上界によって特徴付けたものになっている。また，そのような観測雑音の別のクラスを，平均パワー $\mathrm{E}v(t)^T v(t)$ の上界によって特徴付けることもできる。それについては，参考文献 (Yamanaka and Uchida, 2001[28]) を参照していただきたい。

**********　演　習　問　題　**********

【1】 線形システム

$$\frac{d}{dt}\begin{bmatrix}x_1(t)\\x_2(t)\end{bmatrix} = \begin{bmatrix}0 & \theta \\ -\theta & -1\end{bmatrix}\begin{bmatrix}x_1(t)\\x_2(t)\end{bmatrix} + \begin{bmatrix}0\\\sqrt{3}\end{bmatrix}u(t),$$

$$y(t) = \begin{bmatrix} 0 & 1 \end{bmatrix} \begin{bmatrix} x_1(t) \\ x_2(t) \end{bmatrix} + v(t)$$

に対する定常カルマンフィルタを求めよ．ここで，θ は 0 でない実定数，u，v はつぎのような白色雑音とする．

$$\mathrm{E}\begin{bmatrix} u(t) \\ v(t) \end{bmatrix}\begin{bmatrix} u(l) & v(l) \end{bmatrix} = \begin{bmatrix} 1 & 0 \\ 0 & 1 \end{bmatrix}\delta(t-l)$$

〔備考〕 $\theta \neq 0$ のとき，行列 $\begin{bmatrix} 0 & \theta \\ -\theta & -1 \end{bmatrix}$ は安定，$\left(\begin{bmatrix} 0 & \theta \\ -\theta & -1 \end{bmatrix}, \begin{bmatrix} 0 \\ \sqrt{3} \end{bmatrix}\right)$ は可制御，$\left(\begin{bmatrix} 0 & 1 \end{bmatrix}, \begin{bmatrix} 0 & \theta \\ -\theta & -1 \end{bmatrix}\right)$ は可観測である．

【2】 η を，パワースペクトル密度が

$$\Sigma(\omega) = C(j\omega I - A)^{-1}BB^T(-j\omega I - A)^{-T}C^T, \quad -\infty < \omega < +\infty$$

の形をした弱定常 2 次過程（ただし $\det CC^T \neq 0$ であるとする），v をこれと無相関な白色雑音とし，信号

$$y(t) = \eta(t) + v(t)$$

から，η を推定する問題を考える（図 7.2 を参照）．このとき，η は必ずしも線形状態モデル

$$\frac{dx(t)}{dt} = Ax(t) + Bu(t), \quad \eta(t) = Cx(t), \quad \mathrm{E}u(t)u(l)^T = I\delta(t-l)$$

によって生成されるとは限らないとする．それにもかかわらず，上の線形状態モデルに基づいて作ったカルマンフィルタ

$$\frac{d\hat{x}(t)}{dt} = A\hat{x}(t) + K(y(t) - C\hat{x}(t)), \quad \hat{\eta}(t) = C\hat{x}(t)$$

は，η の推定誤差分散 $\mathrm{E}(\eta(t) - \hat{\eta}(t))(\eta(t) - \hat{\eta}(t))^T$ を最小にするという意味で，最良の推定器であることを示せ．

【3】 弱定常 2 次過程 x のパワースペクトル密度関数がつぎのように与えられたとする．

$$\frac{\beta^2}{\omega^2 + \alpha^2}, \quad -\infty < \omega < +\infty$$

これと無相関な白色雑音 v を伴った観測信号

$$y(t) = \gamma x(t) + v(t)$$

に基づいて x を推定する定常カルマンフィルタを求め，それを伝達関数の形に表せ．ただし，α，β，γ は正の定数とし，$\mathrm{E}v(t)v(l) = \delta(t-l)$ とする．

□□□□□□□□□□ 付　　　　　録 □□□□□□□□□□

A． 状態遷移行列（関数）

　A を，すべての実数 t に対して定義され $n \times n$ 行列の値をとる，有界な連続関数であるとする．これに対し，実数 t と l に対して定義され，$n \times n$ 行列の値をとる2変数関数 Φ に関する，つぎの「偏微分方程式」を考える．

$$\frac{\partial \Phi(t, l)}{\partial t} = A(t)\Phi(t, l), \quad \Phi(l, l) = I \tag{A.1}$$

ここに，I は $n \times n$ の単位行列を表す．これは，本質的に線形常微分方程式の初期値問題であり，これによって関数 Φ が一意に定まる．この Φ を，A から導かれる状態遷移行列（関数），あるいは A が生成する状態遷移行列（関数）と呼ぶ．

　微分方程式(A.1)の解の一意性から，任意の t, r, l に対して

$$\Phi(t, l) = \Phi(t, r)\Phi(r, l) \tag{A.2}$$

が成立する．なぜなら，t の関数として，両辺とも $t = r$ において $\Phi(r, l)$ を通る解だからである．さらに，式(A.2)の特別な場合として

$$\Phi(t, l)\Phi(l, t) = I \tag{A.3}$$

が得られる．よって $\Phi(t, l)$ はつねに可逆であり，$\Phi(l, t)$ とたがいに逆行列の関係にある．これを用いると，$\Phi(t, l)$ が l についても偏微分可能で

$$-\frac{\partial \Phi(t, l)}{\partial l} = \Phi(t, l)A(l) \tag{A.4}$$

なる関係が成立することがわかる．

　ここで，外部入力項のある微分方程式

$$\frac{dx(t)}{dt} = A(t)x(t) + b(t), \quad x(t_0) = x_0 \tag{A.5}$$

の解を，A が生成する状態遷移行列 Φ を用いて表現することを考える．ここに，x は n 次元ベクトルの値をとる区分的になめらかな関数，b は n 次元ベクトルの値をとる区分的連続関数である．両辺に左から $\Phi(t_0, t)$ を乗じて上記 Φ の性質を用いると，等式

$$\frac{d}{dt}(\Phi(t_0, t)x(t)) = \Phi(t_0, t)b(t) \tag{A.6}$$

が得られる。変数 t を τ に置き換えた後 τ について t_0 から t まで積分した後，左から $\Phi(t, t_0)$ を乗じると，つぎの式を得る。

$$x(t) = \Phi(t, t_0)x_0 + \int_{t_0}^{t} \Phi(t, \tau)b(\tau)d\tau \tag{A.7}$$

これにより，方程式(A.5)の解があるとすればこの形でなくてはならない。逆に，式(A.7)が定義する関数 x は b の不連続点を除いて式(A.5)の第1式を満足し，また第2式も満足する。よって式(A.7)は微分方程式(A.5)の唯一解を表す。特に b が恒等的に 0 の場合，式(A.7)の右辺において第1項だけが残る。これは，外部入力のない自律システムにおいては，二つの時刻 t_0, t の間における状態 x の遷移が，行列 $\Phi(t, t_0)$ を乗じるという操作によって表現できることを意味している。ここに，状態遷移行列という呼称の由来がある。

B. 時不変システムの状態遷移行列と安定問題

A を $n \times n$ 実行列とするとき，すべての実数 t に対して，べき級数

$$I + At + \frac{1}{2!}A^2t^2 + \cdots \tag{B.1}$$

が収束し，t に関して項別微分可能であることが知られている。これを $\Phi(t)$ と書くことにしよう。$n = 1$ の場合上式は指数関数 e^{At} のマクローリン展開であることに注意すると，$\Phi(t)$ は実の指数関数の一つの一般化になっていることがわかる。$\Phi(t-l)$ が A を一定値においた微分方程式(A.1)を満足することから，$\Phi(t-l)$ は行列 A が生成する状態遷移行列である。状態遷移行列 Φ が A によって生成されることを表示したいときは，$\Phi_A(t)$ と書くか，指数関数の記号 e^{At} をそのまま用いることもある。定義域を $t \geqq 0$ に限れば，A を一定値とする微分方程式(A.1)のラプラス変換に基づくつぎの表現が得られる。

$$\Phi(t) = \mathcal{L}^{-1}\{(sI - A)^{-1}\} \tag{B.2}$$

ここに，s はラプラス変換において使用される複素変数を表す。

つぎの二つの記述はたがいに等価である。

① A のすべての固有値の実部が実数 $-\alpha$ より小さい。

② $\lim_{t \to \infty} e^{\alpha t}\Phi(t) = 0$ が成立する。

①が成立するとき，$(sI - A)^{-1}$ の逆ラプラス変換が複素半平面 $\mathrm{Re}\,s < -\alpha$ 内の有

限長の閉路積分で表現できることから②が導かれ，逆に②が成立するとき，$\Phi(t)$ のラプラス変換が半平面 $\mathrm{Re}\, s \geq -a$ に極を持たないことから①が導かれる。

さて，t_0 を任意に固定し，線形システム

$$\frac{dx(t)}{dt} = Ax(t), \quad x(t_0) = x_0 \tag{B.3}$$

の状態挙動を，Φ を用いて

$$x(t) = \Phi(t - t_0)x_0 \tag{B.4}$$

と表すとき，右辺はパラメータ t を持った R^n 上の線形変換と見ることができる。各 t についてこの変換は連続であるが，もう少し強い意味の連続性があるとき，すなわち Φ が $[0, \infty)$ において有界のとき，線形システム(B.3)の零状態は安定であるという。また

$$\lim_{t \to \infty} \Phi(t) = 0 \tag{B.5}$$

なるとき，線形システム(B.3)の零状態は（大域的）漸近安定であるという。「安定」は「漸近安定」を特別な場合として含む。A のすべての固有値が負の実部を持つならば，適当な正数 a をとると上記①が成立，したがって②が成立するから，線形システム(B.3)は漸近安定である。一方，A の固有値の中に非負の実部を持つものがあるなら，それを λ とし対応する固有ベクトルを ξ とすると

$$\xi^* \Phi(t)^T \Phi(t) \xi = e^{2\,\mathrm{Re}\,\lambda t} \xi^* \xi \tag{B.6}$$

が成立する。ここに * は共役転置を表す。これから式(B.5)が成立せず，よって線形システム(B.3)の零状態は漸近安定でない。こうして線形システム(B.3)の零状態が漸近安定であることと，A のすべての固有値が負の実部を持つこととが同値であることがわかる。このようなすべての固有値が負の実部を持つような行列に対して，通例「安定行列」などという用語があてられる。なお，線形システム(B.3)の零状態が漸近安定であるなら，非零状態から零状態へ漸近する速さは上記②によって指数関数的であることに注意しておく。

C. 線形システムの可観測性

線形システム

$$\begin{aligned}\frac{dx(t)}{dt} &= Ax(t), \quad x(t_0) = x_0 \\ y(t) &= Cx(t)\end{aligned} \tag{C.1}$$

について，任意の t_0 に対し時刻 $t_1 > t_0$ をうまく選んで，「$y(t) = 0$, $t_0 \leq t \leq t_1$ で

あるなら $x_0 = 0$」といえるようにできるとき，このシステムは状態可観測であるという。可観測性とはまた，出力 y の観測に基づく初期状態の識別可能性のことだと考えてもよい。可観測性はシステムのパラメータ (C, A) に固有の性質でもあることから，線形システム(C.1)が状態可観測という意味で「(C, A) は可観測」ということもある。

いま，各 $t_1 > t_0$ に対しつぎのような行列を定義する。

$$W_C(t_1, t_0) := \int_{t_0}^{t_1} e^{A^T(t-t_0)} C^T C e^{A(t-t_0)} dt \geq 0 \tag{C.2}$$

このとき，任意の t_0 に対し $W_C(t_1, t_0)$ が正則となる $t_1 > t_0$ が存在することが，(C, A) が可観測であるための必要十分条件である。まず十分性を見るために，ある $t_1 > t_0$ に対し $\det W_C(t_1, t_0) \neq 0$ であると仮定する。すると

$$y(t) = C e^{A(t-t_0)} x_0 = 0, \quad t_0 \leq t \leq t_1 \tag{C.3}$$

が成立することは

$$x_0^T W_C(t_1, t_0) x_0 = 0 \tag{C.4}$$

が成立することを意味することから，$x_0 = 0$。よって可観測である。つぎに必要性を見るために，ある t_0 とすべての $t_1 > t_0$ に対して $\det W_C(t_1, t_0) = 0$ と仮定する。すると，ある $x_0 \neq 0$ および $t_1 = t_0 + 1$ に対して

$$x_0^T W_C(t_1, t_0) x_0 = 0 \tag{C.5}$$

が成立するゆえ，W_C の定義により

$$C e^{A(t-t_0)} x_0 = 0, \quad t_0 < t < t_0 + 1 \tag{C.6}$$

でなければならず，左辺はその解析性によりすべての t に対して 0。すなわち可観測でない。

ところで，ある $t_1 > t_0$ に対して $W_C(t_1, t_0)$ が正則なら，$W_C(t_1, t_0)$ はすべての $t_1 > t_0$ に対して正則（可逆）である。実際，「$W_C(t_1, t_0)$ がある $t_1 > t_0$ で正則でなければすべての $t_1 > t_0$ において正則でない」こと（対偶）を，状態遷移行列の解析性を用いて証明できる。可観測であることの本来の意味は，「出力をある期間にわたって観測すると初期状態の違いがわかること」だったのであるが，これにより，その観測期間は理論上いくら短くてもよいことがわかる。

可観測性に対する別の必要十分条件は

$$\mathrm{rank} \begin{bmatrix} CA^0 \\ \vdots \\ CA^{n-1} \end{bmatrix} = n \tag{C.7}$$

が成立することである。ここに n は状態次数を表す。まず十分性を見るために，(C, A) が可観測でないと仮定すると，ある t_0 とある $x_0 \neq 0$ に対して

$$C e^{A(t-t_0)} x_0 = 0, \quad t \geq t_0 \tag{C.8}$$

が成立する。ここで左辺の $t = t_0$ における高階微係数を求めると次式を得る。

$$CA^k x_0 = 0, \quad k = 0, 1, \cdots \tag{C.9}$$

これは，式(C.7)が成立しないことを意味する。つぎに必要性を見るために，条件(C.7)が満足されないと仮定する。すると，さしあたり n より小なる k に限れば式(C.9)が成立するような $x_0 \neq 0$ がある。さらにケーリー・ハミルトンの定理により，A^n が A に関する $n-1$ 次多項式で表現できることを用いれば，k を限定しなくても式(C.9)が成立することがわかる。これから式(C.8)が成立し，(C, A) は可観測でないとの結論が導かれる。

D． 線形システムの可制御性

線形システム

$$\frac{dx(t)}{dt} = Ax(t) + Bu(t), \quad x(t_0) = x_0 \tag{D.1}$$

について，任意の t_0 と任意の初期状態 x_0 に対し，時刻 $t_1 > t_0$ と入力 $u(t)$, $t_0 \leq t \leq t_1$ を適当に選ぶことによって $x(t_1) = 0$ とすることができるとき，このシステムは状態可制御であるという。また，(A, B) は可制御であるともいう。

線形システム(D.1)の状態挙動は式(A.7)よりつぎのように表すことができる。

$$x(t) = e^{A(t-t_0)} x_0 + \int_{t_0}^{t} e^{A(t-\tau)} Bu(\tau) d\tau \tag{D.2}$$

これから，仮にある $t_1 > t_0$ に対して

$$W_B(t_1, t_0) := \int_{t_0}^{t_1} e^{A(t_1-\tau)} BB^T e^{A^T(t_1-\tau)} d\tau \geq 0 \tag{D.3}$$

なる行列が正則であれば

$$u(t) = -B^T e^{A^T(t_1-t)} W_B(t_1, t_0)^{-1} e^{A(t_1-t_0)} x_0 \tag{D.4}$$

なる入力により $x(t_1) = 0$ を達成することができる。よって，可制御性の十分条件は，任意の t_0 とある $t_1 > t_0$ に対して $W_B(t_1, t_0)$ が正則なることである。つぎに，これが必要でもあることを見るため，ある t_0 とすべての $t_1 > t_0$ に対して $W_B(t_1, t_0)$ が正則でないと仮定する。すると，ある $\xi \neq 0$ に対して $\xi^T W_B(t_0 + 1, t_0) \xi = 0$ が成立するので，式(D.3)より $-1 < t < 1$ なる t に対して

$$\xi^T e^{At} B = 0 \tag{D.5}$$

が成立し，さらに左辺の解析性によってこの等式はすべての t に対して成立する。ここで式(D.2)の両辺に左から $\xi^T e^{A(t_0-t)}$ を乗じて式(D.5)を用いると，u を含まな

いつぎの等式を得る。
$$\xi^T e^{A(t_0-t)} x(t) = \xi^T x_0 \quad (\text{D}.6)$$
これから，$x_0 = \xi$ なる初期状態が与えられたときは，いかなる t_1 をとっても $x(t_1) = 0$ を達成できないことがわかる。よって上の条件は必要である。

ところで，式(D.3)の右辺において $\tau = t_1 + t_0 - \sigma$ なる変数変換を行うと
$$W_B(t_1, \ t_0) = \int_{t_0}^{t_1} e^{A(\sigma-t_0)} BB^T e^{A^T(\sigma-t_0)} d\sigma \quad (\text{D}.7)$$
を得る。これから，(A, B) が可制御であることは，(B^T, A^T) が可観測であることと等価であることがわかる。そこで可観測性の条件(C.7)を(B^T, A^T) に適用すれば，(A, B) が可制御であるためのもう一つの必要十分条件
$$\text{rank}(A^0 B \cdots A^{n-1} B) = n \quad (\text{D}.8)$$
が得られる。ここに n は状態次数である。なお，可観測性の議論におけると同様，可制御なシステムの状態を原点に移すのに使用する時間は，理論上いくらでも短くできることを注意しておく。

E．リカッチ方程式（微分方程式）

つぎの形の微分方程式を考える。
$$\frac{dP(t)}{dt} = BB^T + AP(t) + P(t)A^T - P(t)C^T C P(t), \quad P(t_0) = P_0 \quad (\text{E}.1)$$
ここに，P_0 は与えられた対称準正定行列，P は対称行列の値をとる未知関数である。左辺に負号の付いたものも制御理論においてはよく現れるが，以下に述べるところの，解の存在と一意性に関する限り本質的な違いはない。ただし，上記の場合 $t \geq t_0$ に対する解を，左辺に負号がついたときは $t \leq t_0$ に対する解をそれぞれ考えるものとする。

まず，パラメータ P, Q を持った写像 $L(\cdot \ ; P, Q)$ を
$$L(X; P, Q) := Q + (A - PC^T C)X + X(A - PC^T C)^T \quad (\text{E}.2)$$
によって定義すると，方程式(E.1)の第1式をつぎのように書くことができる。
$$\frac{dP(t)}{dt} = L(P(t); P(t), \ BB^T + P(t)C^T C P(t)) \quad (\text{E}.3)$$
ここで，関数 P_k を与えられたものとすれば，リヤプノフ方程式
$$\frac{dP_{k+1}}{dt} = L(P_{k+1}; P_k, \ BB^T + P_k C^T C P_k), \quad P_{k+1}(t_0) = P_0 \quad (\text{E}.4)$$
は対称準正定解 P_{k+1} を一意に定めるから，これにより $P_0, P_1, P_2, \cdots$ なる列を構成

することができる。ただし，P_0 は微分方程式(E.1)の初期値に同定する。なお，記述を簡略化して t を省略した。このとき P_k と P_{k+1} との関係を調べるために，式(E.4)を，k を $k-1$ に置き換えた等式から辺々引くとつぎの等式を得る。

$$\frac{d\Delta_k}{dt} = L(\Delta_k\,;P_k,\ (P_k-P_{k-1})C^TC(P_k-P_{k-1})) \tag{E.5}$$
$$\Delta_k(t_0) = 0$$

ここに，$\Delta_k = P_k - P_{k+1}$ とおいた。関数 Δ_k がリヤプノフ方程式(E.5)の解であることは，$t \geq t_0$ に対して $\Delta_k(t)$ が準正定であることを意味するから，任意のベクトル x に対して

$$x^TP_0(t)x \geq x^TP_1(t)x \geq \cdots \geq 0,\quad t \geq t_0 \tag{E.6}$$

であることが知れる。ここで P_k の各要素を $p^k{}_{ij}$ で表す。x として第 i 成分のみ 1 で，あとの成分は 0 であるようなベクトルをとれば

$$p^0{}_{ii}(t) \geq p^1{}_{ii}(t) \geq \cdots \geq 0 \tag{E.7}$$

が成立することがわかる。よって，各 $t \geq t_0$ に対して $p^k{}_{ii}(t)$ の極限が存在する。また，$i \neq j$ に対し，第 i 成分と第 j 成分が 1 でそれ以外は 0 であるベクトル x をとると

$$p^k{}_{ii}(t) + 2p^k{}_{ij}(t) + p^k{}_{jj}(t),\quad k=0,\ 1,\ \cdots \tag{E.8}$$

が非負の単調非増加列であることがいえる。ここに P_k の対称性を用いた。すでに見たように $p^k{}_{ii}(t)$ と $p^k{}_{jj}(t)$ には極限があるので，$p^k{}_{ij}(t)$ の極限も存在する。かくして，各 $t \geq t_0$ に対し

$$P(t) := \lim_{k\to\infty} P_k(t) \tag{E.9}$$

なる極限の存在することがわかった。

つぎに，式(E.9)が与える P がリカッチ方程式(E.3)の解であることを見るために，式(E.4)と等価な積分方程式

$$P_{k+1}(t) = P_0 + \int_{t_0}^{t} L(P_{k+1}(\tau)\,;P_k(\tau),\ BB^T + P_k(\tau)C^TCP_k(\tau))d\tau \tag{E.10}$$

を考える。$k \to \infty$ とし，有界収束定理によって積分と極限操作を交換すると，つぎの積分方程式が得られる。

$$P(t) = P_0 + \int_{t_0}^{t} L(P(\tau)\,;P(\tau),\ BB^T + P(\tau)C^TCP(\tau))d\tau \tag{E.11}$$

これはリカッチ方程式(E.1)と等価ゆえ，P は式(E.1)の解であることがわかる。

最後に，解の一意性を見ておく。二つの関数 P，Q がともに式(E.1)を満足すると仮定すると，それらの差 $D := P - Q$ は線形微分方程式

$$\frac{dD}{dt} = (A - QC^TC)D + D(A - PC^TC)^T,\quad D(t_0) = 0 \tag{E.12}$$

を満足する。これから，D は恒等的に 0 でなければならない。

F. リカッチ方程式（代数方程式）

ここでは，安定性，可観測性および可制御性とリカッチ方程式

$$0 = BB^T + AP + PA^T - PC^TCP \tag{F.1}$$

との関係を論じる。目的は，A が安定であるかまたは (C, A) が可観測で，なおかつ (A, B) が可制御であれば，方程式(F.1)を満足する対称正定行列 P が存在し，$A - PC^TC$ が安定であることを示すことである。

つぎのような架空の線形システムを考える。

$$\frac{dx(t)}{dt} = A^T x(t) + C^T u(t), \quad x(t_0) = x_0 \tag{F.2}$$
$$y(t) = B^T x(t)$$

ここに u は $t_0 \leqq t \leqq 0$ に対して定義された連続関数である。Π をリカッチ方程式

$$-\frac{d\Pi(t)}{dt} = BB^T + A\Pi(t) + \Pi(t)A^T - \Pi(t)C^TC\Pi(t), \quad \Pi(0) = 0 \tag{F.3}$$

の解とし，また x を方程式(F.2)の解とすると，つぎの等式が成立する。

$$\frac{d}{dt}(x(t)^T \Pi(t) x(t)) + y(t)^T y(t) + u(t)^T u(t)$$
$$= (u(t) + C\Pi(t)x(t))^T (u(t) + C\Pi(t)x(t)) \tag{F.4}$$

左辺を $t_0 \leqq t \leqq 0$ において積分し，右辺が 0 または正の値をとることに注意するとつぎの不等式が得られる。

$$x_0^T \Pi(t_0) x_0 \leqq \int_{t_0}^0 (y(t)^T y(t) + u(t)^T u(t)) dt \tag{F.5}$$

等号は式(F.4)の右辺が恒等的に 0，すなわち等式

$$u(t) + C\Pi(t)x(t) = 0, \quad t_0 \leqq t \leqq 0 \tag{F.6}$$

が成立するとき成立する。この等式は微分方程式(F.2)と両立するから，このような関数 u は存在する。

不等式(F.5)において等号成立の場合を考えると，左辺 $x_0^T \Pi(t_0) x_0$ は t_0 の関数として単調非増加であることがわかる。すなわち t_0 の負の方向への変化に対し減少することはない。一方，A が安定かまたは (C, A) が可観測なら，$x_0^T \Pi(t_0) x_0$ は $x_0^T M x_0$ なる形の上界を持つ。それはつぎのようにしてわかる。まず A が安定であるとすれば，式(F.5)の右辺において $u \equiv 0$ とおくと $t_0 \to -\infty$ の極限

$$\int_{-\infty}^0 x_0^T e^{-At} e^{-A^T t} x_0 dt \tag{F.7}$$

が存在するから，これを $x_0^T M x_0$ とおくことができる．また (C, A) が可観測なら (A^T, C^T) が可制御ゆえ，付録 D より

$$u(t) = -Ce^{A(t_0+1-t)}\left(\int_0^1 e^{A^T t}C^T Ce^{At}dt\right)^{-1} e^{A^T} x_0 \tag{F.8}$$

なる入力を用いれば，$x(t_0 + 1) = 0$ を達成することができる．このとき右辺は，$\Gamma(t - t_0)x_0$ の形を持つことがわかる．これからまた，この間の状態推移を，適当な関数 Ψ を用いて

$$x(t) = \Psi(t - t_0)x_0, \quad t_0 \leq t \leq t_0 + 1 \tag{F.9}$$

なる形に書くことができる．したがって $t > t_0 + 1$ に対して $u(t) = 0$ とおくと，式 (F.5) の右辺は $t_0 < -1$ に対しては

$$\int_{t_0}^{t_0+1} x_0^T(\Psi(t-t_0)^T\Psi(t-t_0) + \Gamma(t-t_0)^T\Gamma(t-t_0))x_0 dt \tag{F.10}$$

となって t_0 によらない．これを $x_0^T M x_0$ と書くことができる．このように，いずれの場合も，$t_0, t_1, t_2 \cdots \to -\infty$ なる数列に対して，$\Pi(t_n)$ は M を上界とする単調非減少対象準正定行列の列を構成する．これから，付録 E におけると同様の論法を用いて，極限

$$P := \lim_{t \to -\infty} \Pi(t) \tag{F.11}$$

の存在が示される．

つぎに行列 P は正定であることを示そう．有限の $t_0 < 0$ に対して $\Pi(t_0) \leq P$ であることから，$\Pi(t_0)$ が正定であることを示せばよい．いま仮に，ある $x_0 \neq 0$ に対して，$x_0^T \Pi(t_0)x_0 = 0$ であったとする．u を等式 (F.6) で与えると不等式 (F.5) の等号が成立するのであるから，このとき右辺も 0 である．これから y と u はともに恒等的に 0，すなわち

$$\begin{aligned}\frac{dx}{dt}(t) = A^T x(t), \quad x(t_0) = x_0 \\ 0 = B^T x(t), \quad t_0 < t < 0\end{aligned} \tag{F.12}$$

が成立しなければならない．これは (B^T, A^T) が可観測であることに反し，したがって (A, B) が可制御であることに反する．よって $\Pi(t_0)$ は正定である．

さらに，行列 P がリカッチ方程式 (F.1) の解になっていることを見るために，再び数列 $t_0, t_1, t_2, \cdots \to -\infty$ を考え，式 (F.3) の両辺を t_n から $t_n + 1$ まで積分するとつぎの式を得る．

$$\begin{aligned}&\Pi(t_n+1) - \Pi(t_n) \\ &= \int_0^1 (BB^T + A\Pi(t_n+\tau) + \Pi(t_n+\tau)A^T - \Pi(t_n+\tau)C^T C\Pi(t_n+\tau))d\tau\end{aligned} \tag{F.13}$$

ここで式(F.1)の右辺を N で表すと, $n \to +\infty$ の極限において式(F.13)の右辺は N に収束する。一方式(F.13)の左辺は 0 に収束する。よって $N = 0$ でなければならない。

これまでに, リカッチ方程式(F.1)の対称正定解 P が, 微分方程式(F.3)の解 Π の極限として構成されることを見た。最後に, 行列 $F := A - PC^TC$ が安定であることを見ておこう。線形システム

$$\frac{dx(t)}{dt} = (A - PC^TC)^T x(t), \quad x(0) \neq 0 \tag{F.14}$$

の解軌道に沿って, リヤプノフ関数

$$V(x) := x^T P x > 0, \quad x \neq 0 \tag{F.15}$$

がとる値の時間変化率を調べて見ると, つぎの等式が得られる。

$$\frac{d}{dt}V(x(t)) = -x(t)^T(BB^T + PCC^TP)x(t) \tag{F.16}$$

ここに, P がリカッチ方程式(F.1)の解であることを用いた。ここで任意の正数 h をとり, $t_n = nh$, $n = 0, 1, \cdots$ とおくと, 式(F.14)と(F.16)とから, 等式

$$V(x(t_{n+1})) - V(x(t_n)) = -x(t_n)^T Q x(t_n) \tag{F.17}$$

が得られる。ここに, Q はつぎのような行列を表す。

$$Q := \int_{t_n}^{t_{n+1}} e^{F^T(t-t_n)}(BB^T + PCC^TP)e^{F(t-t_n)}dt \tag{F.18}$$

行列 Q は n によらない。また Q は正定である。なぜなら, $x(t_n) \neq 0$ であってなおかつ式(F.17)の右辺が 0 になったと仮定すると

$$\begin{aligned} B^T x(t) &= 0 \\ C^T P x(t) &= 0 \end{aligned} \quad t_n < t < t_{n+1} \tag{F.19}$$

が解軌道に沿って成立することになり, (B^T, A^T) の可観測性に反する結論が導かれるからである。ここで $n \to +\infty$ とするとき, $V(x(t_n))$ は単調減少する正数列をなし, その極限値が存在するので, 式(F.17)の左辺は 0 に収束する。Q は正定ゆえ, これは $x(t_n) \to 0$ を意味する。さらに, システム(F.14)の初期状態と正数 h は任意であったから, $e^{Ft} \to 0 \, (t \to +\infty)$ でなければならない。よって線形システム(F.14)の零状態は漸近安定である。したがって行列 $F := A - PC^TC$ のすべての固有値は負の実部を持つ。

G. $A - GC$ の固有値配置問題と可観測性

3章において見るように, 同一次元オブザーバによる状態推定誤差の消滅する速

さは $A - GC$ の固有値と密接な関係にある．(C, A) が可観測ならば，G を適当に選んで $A - GC$ の固有値を望みどおりに設定できることが知られているが，その証明は他書にゆずり（例えば坂和，1979[25]），以下では $A - GC$ の固有値の実部の上界を自由に設定できることを構成的に示すにとどめる．

α を任意の正数とする．このとき，(C, A) が可観測なら $(C, A + \alpha I)$ も可観測である．なぜなら，ある $x_0 \neq 0$ に対して

$$
\begin{aligned}
Cx_0 &= 0 \\
C(A + \alpha I)x_0 &= 0 \\
&\vdots \\
C(A + \alpha I)^{n-1}x_0 &= 0
\end{aligned}
\tag{G.1}
$$

が成立すれば，第1式と第2式から $CAx_0 = 0$ が導かれ，同様に第3式以降からも逐次 $CA^2x_0 = \cdots = CA^{n-1}x_0 = 0$ が得られるからである．これからさらに B を (A, B) が可制御であるように選ぶと，上記付録Fの議論によって，リカッチ方程式

$$0 = BB^T + (A + \alpha I)P + P(A + \alpha I)^T - PC^TCP \tag{G.2}$$

を満足する対称正定行列 P が存在し，行列 $A + \alpha I - PC^TC$ は安定である．したがって，$G := PC^T$ により，$A - GC$ の固有値はすべて複素平面上の直線 $\mathrm{Re}\, s = -\alpha$ の左側に配置されたことになる．

H. 確率変数と期待値

不確定現象を記述する数学的手段としてよく使われるのが確率変数である．確率変数は不確定的に生起する事象に対応して不規則な値をとる変数と考えることも可能であるが，むしろこの対応関係を規定する関数そのものと捉えたほうが議論を明解に展開するのに都合がよい．この付録Hの目的は，確率論におけるこのような考え方の枠組みや用語について簡潔に説明し，5〜7章の理解を補強することにある．

H.1 確率空間

われわれが注目する世界において起こり得る結果の全体を Ω で表すことにする．おなじみのサイコロを考えてみよう．サイコロを1度ふることがすべてであるよう

な世界においては，目の数に対応する6通りの結果が可能である．それらを ω_1, …, ω_6 で表すことにすれば，$\Omega = \{\omega_1, \cdots, \omega_6\}$ となる．ちなみに，サイコロを2度続けてふるという世界を考えるなら，「1に続いて1がでる」，「1に続いて2がでる」，…のような36個の結果からなる集合が Ω ということになる．さらに，サイコロの目からなる不規則時系列を扱うときには，Ω として無限集合を考えなければならない．一般に，Ω は必ずしも見える形に表現されない抽象的な集合である．Ω を標本空間と呼び，$\omega \in \Omega$ を標本点とも呼ぶ．

集合 Ω の部分集合を事象と呼ぶ．サイコロの例では，$A := \{\omega_2, \omega_4, \omega_6\}$ や $B := \{\omega_1, \omega_2\}$ などが事象となる．言葉でいえば，A は偶数の目がでるという事象，B は3より小さい目がでるという事象である．6の目がでるという事象は部分集合 $\{\omega_6\}$ のことである．Ω 自身と空集合 ϕ もそれぞれ特別の事象と見なす．一般にすべての事象が興味の対象になるとは限らない．考察の対象とする事象を規定するために，そのような事象の全体からなる集合を考え，それを ß で表す．ただし，ß はつぎの3条件を満足するように構成される．

(I) $\Omega \in ß$

(II) $A \in ß \Rightarrow \Omega - A \in ß$

(III) $A_0, A_1, \cdots \in ß \Rightarrow A_0 \cup A_1 \cup \cdots \in ß$

(I)と(II)から，$\phi \in ß$ でなければならない．また，ß は合併（∪），交わり（∩）および補集合をとる演算に関して閉じていることに注意する．このような事象の集合として最も小さいものは $ß := \{\phi, \Omega\}$ である．サイコロを1度ふるという機能だけを有する架空のシステムにおいて，例えば目が奇数か偶数かということにのみ興味があるなら，$ß := \{\phi, A, B, \Omega\}$ とすればよい．ここに

$\Omega := \{\omega_1, \omega_2, \omega_3, \omega_4, \omega_5, \omega_6\}$

$A := \{\omega_1, \omega_3, \omega_5\}$

$B := \{\omega_2, \omega_4, \omega_6\}$

である．このとき，実際に3の目がでたら，それは事象 A が生起したことであり，5の目がでたらそれも事象 A が生起したことを意味する．

さて，$A \cap B = \phi$ のとき事象 A と事象 B はたがいに排反であるという．事象 $A \in ß$ に一つの実数を対応させる関数 P がつぎの性質を持っているとしよう．

(IV) $P(\Omega) = 1$

(V) 排反事象の列 $A_0, A_1, \cdots$ に対して

$P(A_0 + A_1 + \cdots) = P(A_0) + P(A_1) + \cdots$

このとき，$P(A)$ を事象 A の生起する確率と呼ぶ．ここで，すべての $A \in ß$ に対して $0 \leq P(A) \leq 1$，また $P(\phi) = 0$ となることに注意する．こうして，標本空間 Ω,

事象の集合 ß，事象の確率を定める関数 P が与えられることによって，考察の対象となるシステムのおかれた世界の確率的構造が決定する．これら3項の組合せ (Ω, ß, P) を確率空間と呼ぶ．

例 H.1　確率空間 ①

サイコロを1度ふるだけのシステムを取り扱うための確率空間を構成してみよう．Ω としてはすべての目に対応する $\{\omega_1, \cdots, \omega_6\}$ をとる．つぎに，$A := \{\omega_1, \omega_3, \omega_5\}$, $B := \{\omega_2, \omega_4, \omega_6\}$ とおいて ß$:= \{\phi, A, B, \Omega\}$ を作り，P$(\phi) = 0$, P$(A) =$ P$(B) = 1/2$, P$(\Omega) = 1$ と定義すれば，一つの確率空間が得られる．この確率空間は，奇数の目と偶数の目の区別だけが問題であるような場合に有効であるが，個々の目を問題にする場合には小さすぎて役に立たない．

例 H.2　確率空間 ②

同じサイコロのシステムに対して別の確率空間を構成する．Ω は上の例と同じものとし，Ω のすべての部分集合の全体を ß とすると，ß は上に述べた条件（I）（II）（III）を満足する．ここで，$B_1 := \{\omega_1\}, \cdots, B_6 := \{\omega_6\}$ に対し，P$(B_1) = \cdots =$ P$(B_6) = 1/6$ と定義すると，これから上記（IV）（V）を満足する P をすべての $A \in$ ß に対して定義することができる．こうしてできた確率空間においては，奇数や偶数の目がでる確率に関して上の例と同じ結果を与えるほか，より詳細な，3より小さい目がでる確率や1の目がでない確率などを論じることができる．

上記2例は確率空間の具体的な姿を示したものであるが，このような単純な確率空間に基づいて論じることのできる問題はきわめて限られている．一般に，具体的な姿を見ることができるかどうかは別にして，与えられた問題を扱うのに十分な大きさを持った確率空間が想定されなければならない．

H.2　確　率　変　数

確率空間 (Ω, ß, P) において，標本点 $\omega \in \Omega$ に実数 $x(\omega)$ を対応させる関数 x を考える．はじめに，$x(\omega)$ のとり得る値の集合が有限集合 S であるとしよう．このとき，任意の $a \in S$ に対して $\{\omega | x(\omega) = a\} \in$ ß であるなら，関数 $x: \Omega \to S$ を S に値をとる確率変数と呼ぶ．上の条件は，いい換えれば，集合 $A := \{\omega | x(\omega) = a\}$ が事象になるということである．これにより，$x(\omega)$ が a という値をとる確率が

P(A) によって定まることになる．以下では x が確率変数であるとき，事象 $\{\omega|x(\omega) = a\}$ を簡単に $\{x = a\}$ と書き，その確率を P($x = a$) のように書くことにする．サイコロの確率空間を扱った**例 H.1** において

$$x(\omega) = \begin{cases} 0 & (\omega = \omega_1,\ \omega_3,\ \omega_5) \\ 1 & (\omega = \omega_2,\ \omega_4,\ \omega_6) \end{cases}$$

と定義すると，x は確率変数である．同時に，これは**例 H.2** の確率空間においても確率変数である．これに対して，$y(\omega_1) = 1$, …, $y(\omega_6) = 6$ のように定義すると，y はサイコロの**例 H.2** において確率変数となるが，**例 H.1** では確率変数にならない．例えば事象 $\{y = 6\}$ が ß の中に存在せず，その確率が定義されないからである．一般に，有限集合 S に値をとる確率変数 x に対し

$$\Pi_z = \mathrm{P}(x = z), \quad z \in S \tag{H.1}$$

によって定義される有限数列 Π_z, $z \in S$ を x の確率分布と呼ぶ．

つぎに，$x(\omega)$ のとり得る値の集合が実数全体 R である場合を考える．このとき，任意の実数 a に対して $\{x < a\} \in$ ß であるならば，関数 $x: \Omega \to R$ を実数値をとる確率変数と呼ぶ．このような確率変数に対して，つぎのような確率分布関数 F を定義することができる．

$$F(z) = \mathrm{P}(x < z), \quad -\infty < z < +\infty \tag{H.2}$$

関数 F は $[0,\ 1]$ 上に値をとる単調非減少関数である．分布関数として区分的に一定値をとるもの（階段関数）を考え，確率 0 の事象を無視することにすれば，有限集合に値をとる確率変数もこの形で取り扱うことができる．x と y を二つの確率変数とすると，それらの線形結合 $\alpha x + \beta y$ （α と β は実数）および積 xy もまた確率変数になることが知られている．関数 F を

$$F(z) = \int_{-\infty}^{z} f(\zeta) d\zeta \tag{H.3}$$

のように表現する関数 f が存在するとき，f を x の確率密度関数と呼ぶ．確率密度関数に対しては，つぎの等式がつねに成立する．

$$\int_{-\infty}^{+\infty} f(z) dz = 1 \tag{H.4}$$

例 H.3　確率密度 ①

つぎのような確率密度関数を一様密度関数という．

$$f(z) = \begin{cases} \dfrac{1}{b-a} & (a \le z \le b) \\ 0 & (z < a\ \text{または}\ z > b) \end{cases} \tag{H.5}$$

なお，このような確率密度関数を持つ確率変数に対して，「一様に分布する」と

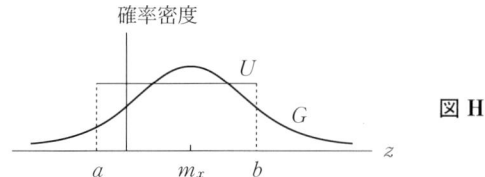

いう表現がしばしば用いられる（**図 H.1** の U）。

例 H.4　確率密度 ②

つぎのような確率密度関数を正規密度関数またはガウス密度関数という。
$$f(z) = Ce^{-\frac{(z-m_x)^2}{2q_{xx}}} \tag{H.6}$$
ここに，m_x は実定数，q_{xx} は正の定数である。また C は m_x と q_{xx} に依存する定数で，等式(H.4)が成立するように定められるものである。確率変数 x がこのような形の確率密度関数を持つとき，x は正規確率変数またはガウス確率変数とよばれ，確率変数の代表的な例としてしばしば登場する。なお，このとき，「x はガウス分布に従う」という表現がしばしば用いられる（図 H.1 の G）。

確率分布 Π_z, $z \in S$ や確率密度関数 f は，確率空間 $(\Omega, \mathcal{B}, P)$ と確率変数 x とから導かれるものであるが，確率変数がとる値の統計的側面を研究するような場合には，確率分布や確率密度を出発点において，確率空間を陽に意識せずに議論することができる。なお，関数である確率変数を特定の標本点に対応する値と明確に区別するために，別々の記号を用いて $x = X(\omega)$ のように書くこともある。また一方で，混乱のおそれのない限りそれらを記号のうえで区別することはせず，$x = x(\omega)$ などど書く慣例もある。本書は後者の慣例に従っている。

実数値をとる n 個の確率変数 $x_1, \cdots, x_n$ を考える。任意の実数 $a_1, \cdots, a_n$ に対し

$$P(x_1 < a_1, \cdots, x_n < a_n) = \int_{-\infty}^{a_1} \cdots \int_{-\infty}^{a_n} f(\xi_1, \cdots, \xi_n) d\xi_1 \cdots d\xi_n \tag{H.7}$$

が成立するような非負の n 変数関数 f が存在するとき，f を $x_1, \cdots, x_n$ の結合確率密度関数と呼ぶ。このとき，1変数の場合と同様つぎの等式が成立する。

$$\int_{-\infty}^{+\infty} \cdots \int_{-\infty}^{+\infty} f(\xi_1, \cdots, \xi_n) d\xi_1 \cdots d\xi_n = 1 \tag{H.8}$$

正整数 $m < n$ をとり，式(H.7)で $a_{m+1} \to +\infty, \cdots, a_n \to +\infty$ としてみると，$x_1, \cdots, x_m$ の結合確率密度関数が

$$\int_{-\infty}^{+\infty} \cdots \int_{-\infty}^{+\infty} f(z_1, \cdots, z_m, \xi_{m+1}, \cdots, \xi_n) d\xi_{m+1} \cdots d\xi_n \tag{H.9}$$

によって求められることがわかる．特に $m=1$ なら，単一の確率変数 x_1 の確率密度関数が得られる．結合確率密度が，個々の確率変数の振舞いだけでなく，それら相互の確率的関係を表現していることに注意する必要がある．

例 H.5 結合確率密度

二つの確率変数 x と y がつぎのような形の結合確率密度関数を持つとき，それらを（結合的）正規確率変数という．

$$f(\xi, \eta) = Ce^{-q(\xi-m_x, \eta-m_y)} \tag{H.10 a}$$

ここに，m_x と m_y はそれぞれ実定数，q は正定 2 次形式

$$q(u, v) = \frac{1}{2}\begin{bmatrix} u & v \end{bmatrix}\begin{bmatrix} q_{xx} & q_{xy} \\ q_{xy} & q_{yy} \end{bmatrix}^{-1}\begin{bmatrix} u \\ v \end{bmatrix} \tag{H.10 b}$$

を表す．また C は上記 5 個のパラメータに依存する定数で，式(H.8)が成立するように定められる．$f(\xi, \eta) = $ 一定値を満足する (ξ, η) の全体は 2 次元平面に一つの楕円を定める（**図 H.2**）．ちなみに，式(H.10)は式(H.6)と両立する．すなわち，積分(H.9)によって式(H.10)から導かれる x の確率密度関数は式(H.6)の右辺に一致する．

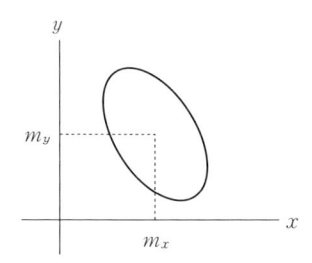

図 H.2 2 次元正規確率密度の「等高線」

H.3 期 待 値

再び有限集合 S に値をとる確率変数 x を考え，その確率分布を Π_z, $z \in S$ とする．このとき，x に対するつぎの演算を E で表し，その結果得られる値 Ex を x の期待値と呼ぶ．

$$\sum_{z \in S} z \Pi_z \tag{H.11}$$

例えば，$S = \{-1, 1\}$ のとき，$\Pi_{-1} = \Pi_1 = 0.5$ であれば，E$x = 0$ となる．また，

$\varPi_{-1} = 0.2$, $\varPi_{-1} = 0.8$ であれば，$\mathrm{E}x = 0.6$ となる．前者は算術平均に一致する．この意味で，期待値とは算術平均を確率の重みを考慮して一般化したものであると考えることができる．

期待値はさらに，つぎのように一般化される．x を実数値をとる確率変数とするとき，任意の正数 h をとってつぎのような級数を考える．

$$\sum_{k=-\infty}^{+\infty} kh\mathrm{P}(kh \leqq x < (k+1)h) \tag{H.12}$$

この和は，x が間隔 h を持ってとびとびの値をとると見なし，ちょうど kh なる値が生じる確率を

$$\mathrm{P}(kh \leqq x < (k+1)h) \tag{H.13}$$

によって見積もることにすれば，式(H.11)の意味における期待値に相当することがわかる．このような和をとり，さらに $h \to +0$ としたときの極限値を持って，x の期待値 $\mathrm{E}x$ を定義する．すなわち，x の期待値は測度 P による $\varOmega$ 上のルベーグ積分

$$\int_{\varOmega} x(\omega) d\mathrm{P} \tag{H.14}$$

である．したがって期待値演算は線形である．すなわち，x と y を確率変数であるとすると，任意の実数 α，β に対して

$$\mathrm{E}(\alpha x + \beta y) = \alpha \mathrm{E}x + \beta \mathrm{E}y \tag{H.15}$$

が成立する．実数値をとる確率変数 x に対して確率密度関数 f が存在する場合，x の期待値はつぎの積分に帰着する．

$$\int_{-\infty}^{+\infty} zf(z) dz \tag{H.16}$$

実数値をとる n 変数関数 g と実数値をとる n 個の確率変数 $x_1, \cdots, x_n$ があり，$y := g(x_1, \cdots, x_n)$ が確率変数であるとき，$\mathrm{E}y$ を $\mathrm{E}g(x_1, \cdots, x_n)$ のように表す．例えば $x_1, \cdots, x_n$ の結合確率密度関数 f が存在し，任意の実数 z に対して，集合 $A_z := \{g(\xi_1, \cdots, \xi_n) < z\} \subset R^n$ に関する積分

$$\int_{A_z} f(\xi_1, \cdots, \xi_n) d\xi_1 \cdots d\xi_n \tag{H.17}$$

が存在するならば，$y := g(x_1, \cdots, x_n)$ は確率変数で，その期待値は

$$\int_{-\infty}^{+\infty} \int_{-\infty}^{+\infty} g(\xi_1, \cdots, \xi_n) f(\xi_1, \cdots, \xi_n) d\xi_1 \cdots d\xi_n \tag{H.18}$$

によって求められる．

確率変数 x の期待値 $\mathrm{E}x$ を x の1次積率（モーメント）または平均値という．また，$\mathrm{E}x^2$ を x の2次積率，$\mathrm{E}(x - \mathrm{E}x)^2$ を x の分散と呼ぶ．さらに，二つの確率変数 x，y に対して $\mathrm{E}xy$ を x と y との結合2次積率，$\mathrm{E}(x - \mathrm{E}x)(y - \mathrm{E}y)$ を共分散と呼ぶ．結合確率密度関数(H.10)を持つ正規確率変数 x，y については，これらの

H.3 期　　待　　値

統計量に関して
$$m_x = \mathrm{E}x,$$
$$m_y = \mathrm{E}y,$$
$$q_{xx} = \mathrm{E}(x - \mathrm{E}x)^2, \tag{H.19}$$
$$q_{yy} = \mathrm{E}(y - \mathrm{E}y)^2,$$
$$q_{xy} = \mathrm{E}(x - \mathrm{E}x)(y - \mathrm{E}y)$$

のような関係のあることが知られている．一般にこれらの統計量は確率分布の一側面を表しているにすぎないが，このように正規確率変数に限れば，上記統計量のみから確率分布を同定することができる．なお，n 個の確率変数をまとめてベクトルの形に表した $x := \begin{bmatrix} x_1 \\ \vdots \\ x_n \end{bmatrix}$ はしばしば確率ベクトルと呼ばれる．このとき，行列

$$\begin{aligned}
Q &:= \mathrm{E}(x - \mathrm{E}x)(x - \mathrm{E}x)^T \\
&= \begin{bmatrix} \mathrm{E}(x_1 - \mathrm{E}x_1)(x_1 - \mathrm{E}x_1)^T & \cdots & \mathrm{E}(x_1 - \mathrm{E}x_1)(x_n - \mathrm{E}x_n)^T \\ \vdots & \ddots & \vdots \\ \mathrm{E}(x_n - \mathrm{E}x_n)(x_1 - \mathrm{E}x_1)^T & \cdots & \mathrm{E}(x_n - \mathrm{E}x_n)(x_n - \mathrm{E}x_n)^T \end{bmatrix}
\end{aligned} \tag{H.20}$$

を確率ベクトル x の（共）分散行列と呼ぶ．

確率変数 x に対し実数 a をとって，$\mathrm{E}(x - a)^2$ なる量を考えてみる．これは，$a = 0$ なら x の 2 次積率，$a = \mathrm{E}x$ なら分散であるが，一般に a を基準とする x の散らばり具合を測る一つの指標になっていると考えられる．いま，任意の正数 ε をとり，確率変数 π を，$|x(\omega) - a| \geqq \varepsilon$ なる ω の全体に対して $\pi(\omega) = 1$，これ以外のすべての ω に対して $\pi(\omega) = 0$ となるよう定義する．不等式 $\mathrm{E}(x - a)^2 \geqq \mathrm{E}\{(x - a)^2 \pi\}$ の右辺は $\varepsilon^2 \cdot \mathrm{E}\pi$ より小さくないことに注意すると，つぎの不等式が得られる．

$$\mathrm{P}(|x - a| \geqq \varepsilon) \leqq \frac{\mathrm{E}(x - a)^2}{\varepsilon^2} \tag{H.21}$$

この不等式はチェビシェフの不等式と呼ばれ，確率変数 x に関して，その生起確率と $\mathrm{E}(x - a)^2$ なる統計量とを結び付ける役割を果たすものである．

引用・参考文献

1) 有本 卓：カルマン・フィルター，産業図書（1977）
2) オストローム（中村ほか 訳）：確率制御理論入門，コロナ社（1975）
3) Bryson, A.E. and Ho, Y.C.：Applied Optimal Control (Revised Printing), Hemisphere Publishing Corporation (1975)
4) Davis, M.H.A.：Linear Estimation and Stochastic Control, Chapman and Hall (1977)
5) 藤田，丸山，川端，内田：離散時間 H^∞ フィルタアルゴリズムとそのビジュアルトラッキングへの応用，計測自動制御学会論文集，**31**，pp.1047-1053（1995）
6) Gopinath, G.：On the Control of Linear Multiple Input-output Systems, Bell System Technical Journal, **50**, pp. 1063-1081 (1971)
7) 堀 淳一：ランジュバン方程式，岩波書店（1977）
8) 細江繁幸，荒木光彦 監修：制御系設計—H^∞制御とその応用—，朝倉書店（1994）
9) 岩井善太，井上 昭，川路茂保：オブザーバ，コロナ社（1988）
10) Kalman, R.E. and Bucy, R.S.：New Results in Linear Filtering and Prediction Theory, Transactions of ASME, J. Basic Eng., pp. 95-108 (1961)
11) 片山 徹：新版応用カルマンフィルタ，朝倉書店（2000）
12) コルモゴロフ，フォミーン（山崎三郎 訳）：関数解析の基礎（第二版），岩波書店（1971）
13) コルモゴロフ（根本伸司 訳）：確率論の基礎概念（第二版），東京図書（1975）
14) Kwakernaak, H. and Sivan, R.：Linear Optimal Control Systems, Wiley-Interscience (1972)
15) Kudva, P., Viswanadham, N. and Ramakrishna, A.：Observers for Linerar Systems with Unknown Inputs, IEEE Transactions on Automatic Control, AC-25, pp. 113-115 (1980)
16) Lamperti, J.：Stochastic Processes, Springer-Verlag (1977)
17) Larson, H.J. and Shubert, B.O.：Probabilistic Models in Engineering Sciences, John Wiley & Sons (1979)

18) Luenberger, D.G. : Observing the State of a Linear System, IEEE Transactions on Military Electronics, MIL-8, pp. 74-80 (1964)
19) Luenberger, D.G. : Observers for Multivariable Systems, IEEE Transactions on Automatic Control, AC-11, pp. 190-197 (1966)
20) 美多 勉：レギュレータおよびオブザーバの応答波形と線形構造，計測自動制御学会論文集，**14**, pp.19-25（1978）
21) 森 泰親 編：H^∞制御の実プラントへの応用，計測自動制御学会（1996）
22) Mortensen, R.E. : Maximum-Likelihood Recursive Nonlinear Filtering, Journal of Optimization Theory and Applications, **2**, pp. 386-394 (1968)
23) 小倉久直：物理・工学のための確率過程論，コロナ社（1978）
24) O'Reilly, J. : Observers for Linear Systems, Academic Press (1983)
25) 坂和愛幸：線形システム制御論，朝倉書店（1979）
26) 椹木義一，添田 喬，中溝高好：確率システム制御の基礎，日新出版（1975）
27) Uchida, K. and Fujita, M. : Finite Horizon Mixed H_2 and H^∞ Estimation, Proc. 5th Int. Symposium on Dynamic Games and Applications, Grimentz, pp. 504-508 (1992)
28) Yamanaka, K. and Uchida, K. : A Noise Attenuation Property of the Kalman Filter, Proc. 33rd ISCIE Int. Symposium on Stochastic Systems Theory and Its Applications, Tochigi, pp. 246-248 (2001)
29) 山中一雄：《制御理論における数学》第6回 確率統計—確率過程の線形モデルと白色雑音，計測と制御，**38**，9，579-583（1999）

演習問題の解答

2章

【1】 状態方程式の解の公式 $x(t) = \Phi_A(t)x_0$ と

$$\Phi_A(t) = e^{\begin{bmatrix} 0 & 1 \\ -1 & 0 \end{bmatrix}t} = \begin{bmatrix} \cos t & \sin t \\ -\sin t & \cos t \end{bmatrix}, \quad x_0 = \begin{bmatrix} 3 \\ 0 \end{bmatrix}$$

とから

$$\hat{x}(t) = \begin{bmatrix} 3\cos t \\ -3\sin t \end{bmatrix}, \quad t \geq 0$$

【2】 可観測性を判定する行列 $W_C(\pi, 0)$ を計算してみると

$$W_C(\pi, 0) := \int_0^\pi \Phi_A(t)^T c^T c \Phi_A(t) dt = \begin{bmatrix} \dfrac{1}{2} & 0 \\ 0 & \dfrac{1}{2} \end{bmatrix}$$

ここに,$c = (0 \ \ 1)$。また Φ_A は問題【1】の解答例を参照。これは正則であるから,与えられたシステムは可観測である。また,これから

$$k(t) := W_C(\pi, 0)^{-1} \Phi_A(t)^T c^T = \begin{bmatrix} -2\sin t \\ 2\cos t \end{bmatrix}, \quad 0 \leq t \leq \pi$$

を得る。

【3】 $c = [1 \ \ 0]$,$A = \begin{bmatrix} 0 & 1 \\ -1 & 0 \end{bmatrix}$ に対する M_O 行列は

$$M_O := \begin{bmatrix} c \\ cA \end{bmatrix} = \begin{bmatrix} 1 & 0 \\ 0 & 1 \end{bmatrix}$$

となって正則であるから,このシステムは可観測である。これからまた

$$K = M_O^{-1} = \begin{bmatrix} 1 & 0 \\ 0 & 1 \end{bmatrix}$$

を得る。

3章

【1】 ゲイン行列(ベクトル)を

とすると，同一次元オブザーバは
$$g = \begin{bmatrix} g_1 \\ g_2 \end{bmatrix}$$

$$\frac{d}{dt}\begin{bmatrix} \hat{x}_1(t) \\ \hat{x}_2(t) \end{bmatrix} = \begin{bmatrix} 0 & 1 \\ -1 & 0 \end{bmatrix}\begin{bmatrix} \hat{x}_1(t) \\ \hat{x}_2(t) \end{bmatrix} + \begin{bmatrix} g_1 \\ g_2 \end{bmatrix}[y(t) - \hat{x}_2(t)], \quad \begin{bmatrix} \hat{x}_1(0) \\ \hat{x}_2(0) \end{bmatrix} = \begin{bmatrix} 0 \\ 0 \end{bmatrix}$$

となり，誤差方程式は

$$\frac{d}{dt}\begin{bmatrix} e_1(t) \\ e_2(t) \end{bmatrix} = \begin{bmatrix} 0 & 1-g_1 \\ -1 & -g_2 \end{bmatrix}\begin{bmatrix} e_1(t) \\ e_2(t) \end{bmatrix}, \quad \begin{bmatrix} e_1(0) \\ e_2(0) \end{bmatrix} = \begin{bmatrix} x_1(0) \\ x_2(0) \end{bmatrix}$$

となる。係数行列の固有値は，2次方程式
$$\lambda^2 + g_2\lambda + 1 - g_1 = 0$$
の根であるから，g としては，$g_1 < 1$，$g_2 > 0$ を満たすものであれば一応なにを選んでもよい。例えば $g_1 = -1$，$g_2 = 2$ をとると，$\lambda = -1 \pm j$ となる。このとき，誤差方程式の状態遷移行列は

$$e^{\begin{bmatrix} 0 & 2 \\ -1 & -2 \end{bmatrix}t} = \begin{bmatrix} \sqrt{2}e^{-t}\sin\left(t + \frac{\pi}{4}\right) & 2e^{-t}\sin t \\ -e^{-t}\sin t & -\sqrt{2}e^{-t}\sin\left(t - \frac{\pi}{4}\right) \end{bmatrix}$$

となるので，問題に与えられた初期状態のもとで，誤差ベクトルの振舞いは

$$\begin{bmatrix} e_1(t) \\ e_2(t) \end{bmatrix} = \begin{bmatrix} \sqrt{2}e^{-t}\sin\left(t + \frac{\pi}{4}\right) \\ -e^{-t}\sin t \end{bmatrix}, \quad t \geq 0$$

と表される。

【2】 与えられたシステムがすでに

$$\frac{dx_1(t)}{dt} = 0x_1(t) + x_2(t)$$

$$\frac{dx_2(t)}{dt} = -x_1(t) + 0x_2(t)$$

$$y(t) = x_2(t)$$

という形をしていることに注意する（変換行列 S として単位行列をとればよい）。第2式を出力方程式と見なし，第1式に対するオブザーバを構成すると

$$\frac{d\hat{x}_1(t)}{dt} = 0\hat{x}_1(t) + g_1\left(\frac{dy(t)}{dt} + \hat{x}_1(t)\right), \quad \hat{x}_1(0) = 0$$

$$\hat{x}_2(t) = y(t)$$

となり，さらに

$$\hat{q}(t) = \hat{x}_1(t) - g_1 y(t)$$

とおくことにより，観測出力を微分しない形の

$$\frac{d\hat{q}(t)}{dt} = g_1 \hat{q}(t) + g_1{}^2 y(t), \quad \hat{q}(0) = -g_1 y(0)$$

$$\begin{bmatrix} \hat{x}_1(t) \\ \hat{x}_2(t) \end{bmatrix} = \begin{bmatrix} 1 & -g_1 \\ 0 & 1 \end{bmatrix} \begin{bmatrix} \hat{q}(t) \\ y(t) \end{bmatrix}$$

が得られる。また，はじめの式からわかるように，推定誤差は

$$\frac{de_1(t)}{dt} = (0 - g_1) e_1(t), \quad e_2(t) = 0$$

に従うので，ゲイン g_1 は，正数であるかぎり一応なんでもよい。問題に与えられた初期状態のもとで，誤差ベクトルの振舞いは

$$\begin{bmatrix} e_1(t) \\ e_2(t) \end{bmatrix} = \begin{bmatrix} e^{-g_1 t} \\ 0 \end{bmatrix}, \quad t \geqq 0$$

で表される。

【3】 問題【2】と同様にして最小次元オブザーバを作ると

$$\frac{d\hat{q}(t)}{dt} = g_1 \hat{q}(t) + g_1{}^2 y(t) + (1 - g_1) u(t), \quad \hat{q}(0) = -g_1 y(0)$$

$$\begin{bmatrix} \hat{x}_1(t) \\ \hat{x}_2(t) \end{bmatrix} = \begin{bmatrix} 1 & -g_1 \\ 0 & 1 \end{bmatrix} \begin{bmatrix} \hat{q}(t) \\ y(t) \end{bmatrix}$$

が得られる。よって，$g_1 = 1$ を選べば，未知入力オブザーバ

$$\frac{d\hat{q}(t)}{dt} = \hat{q}(t) + y(t), \quad \hat{q}(0) = -y(0)$$

$$\begin{bmatrix} \hat{x}_1(t) \\ \hat{x}_2(t) \end{bmatrix} = \begin{bmatrix} 1 & -1 \\ 0 & 1 \end{bmatrix} \begin{bmatrix} \hat{q}(t) \\ y(t) \end{bmatrix}$$

となる。

4章

【1】 ① は $\gamma = 1$, $\eta = \sqrt{2}$ に相当し，② は $\gamma = 1/\sqrt{2}$, $\eta = \infty$ に相当することに注意する。

① $\gamma = 1$ より，リカッチ方程式は，つぎのリヤプノフ方程式に縮退する。

$$0 = 1 - P - P$$

これの解 $P = 1/2$ は，構成条件

$$P > 0, \quad A - PC^T C < 0 \text{ (安定)}, \quad P \geqq \eta^{-2}$$

を満足する。これから，仕様を満足する H^∞ フィルタとして

$$\frac{d\widehat{x}(t)}{dt} = -\widehat{x}(t) + \frac{1}{2}(y(t) - \widehat{x}(t)), \quad \widehat{x}(0) = 0$$

が得られる。

② $\gamma = 1/\sqrt{2}$ に対応するリカッチ方程式 $0 = 1 - 2P + P^2$ の正の解 $P = 1$ は，構成条件

$$A - PC^T C < 0 \ (安定)$$

を満足する。これから，仕様を満足する H^∞ フィルタとして

$$\frac{d\widehat{x}(t)}{dt} = -\widehat{x}(t) + (y(t) - \widehat{x}(t)), \quad \widehat{x}(0) = 0$$

が得られる。

【2】リカッチ方程式

$$\begin{bmatrix} 0 & 0 \\ 0 & 0 \end{bmatrix} = \begin{bmatrix} 0 & 0 \\ 0 & 0 \end{bmatrix} + \begin{bmatrix} 0 & 1 \\ -3 & -1 \end{bmatrix}\begin{bmatrix} p_{11} & p_{12} \\ p_{21} & p_{22} \end{bmatrix} + \begin{bmatrix} p_{11} & p_{12} \\ p_{21} & p_{22} \end{bmatrix}\begin{bmatrix} 0 & -3 \\ 1 & -1 \end{bmatrix}$$
$$- \begin{bmatrix} p_{11} & p_{12} \\ p_{21} & p_{22} \end{bmatrix}\begin{bmatrix} 1 \\ 0 \end{bmatrix}[1\ 0] - \begin{bmatrix} 1 \\ 1 \end{bmatrix}[1\ 1]\begin{bmatrix} p_{11} & p_{12} \\ p_{21} & p_{22} \end{bmatrix}$$

は，対称正定行列

$$P = \begin{bmatrix} 2 & 0 \\ 0 & 2 \end{bmatrix}$$

を解として持つ，この解は，構成条件

$$A - PC^T C = \begin{bmatrix} -2 & 1 \\ -3 & -1 \end{bmatrix} : 安定,\ P \geqq \eta^{-2} I = \begin{bmatrix} 1 & 0 \\ 0 & 1 \end{bmatrix}$$

を満足する。したがって，この P から作られる

$$\frac{d}{dt}\begin{bmatrix} \widehat{x}_1(t) \\ \widehat{x}_2(t) \end{bmatrix} = \begin{bmatrix} 0 & 1 \\ -3 & -1 \end{bmatrix}\begin{bmatrix} \widehat{x}_1(t) \\ \widehat{x}_2(t) \end{bmatrix} + \begin{bmatrix} 2 \\ 0 \end{bmatrix}[y(t) - \widehat{x}_1(t)], \quad \begin{bmatrix} \widehat{x}_1(0) \\ \widehat{x}_2(0) \end{bmatrix} = \begin{bmatrix} 0 \\ 0 \end{bmatrix}$$

は，与えられた仕様を満足する H^∞ フィルタである。

【3】リカッチ方程式

$$0 = BB^T + AP + PA^T - P(C^T C - \gamma^{-2} W^T W)P$$

は，与えられた条件下で

$$0 = BB^T + AP + PA^T - PH^T HP$$

の形となり，可制御性と可観測性により，対称正定解 P を持つ（付録F）。この P に対して，$A - PC^T C$ が安定であることを示すために，はじめの式をつぎのように変形する。

$$0 = P^{-1}BB^T P^{-1} + \gamma^{-2} W^T W + C^T C + P^{-1}(A - PC^T C)$$
$$+ (A - PC^T C)^T P^{-1}$$

仮に $A - PC^TC$ が実部が非負の固有値 λ を持つとする。対応する固有ベクトル ξ を上の等式の左右から掛けると
$$0 = \xi^* P^{-1} BB^T P^{-1} \xi + \gamma^{-2} \xi^* W^T W \xi + \xi^* C^T C \xi + (\lambda + \overline{\lambda}) \xi^* P^{-1} \xi$$
となるが, 右辺のすべての項が非負であることから, $\xi^* C^T C \xi = \xi^* W^T W \xi = 0$, すなわち $C\xi = W\xi = 0$ でなければならない。これからまた, $H\xi = 0$。このとき
$$A\xi = (A - PC^TC)\xi = \lambda \xi$$
より, ξ は A の固有ベクトルでもあり, これと $H\xi = 0$ とをあわせて (H, A) が可観測であることに反する結果に至る。よって $A - PC^TC$ は安定である。

5章

【1】 直交性の条件 $\mathrm{E}(x - \hat{x})e_i = 0$, $i = 1, \cdots, n$ から
$$\mathrm{E} xe_i - k_i = 0, \quad i = 1, \cdots, n$$
が得られる。あるいは, 直接
$$\mathrm{E}(x - \hat{x})^2 = \mathrm{E}x^2 + k_1^2 + \cdots + k_n^2 - 2(k_1 \mathrm{E} xe_1 + \cdots + k_n \mathrm{E} xe_n)$$
となることを用いてもよい。

【2】 $\mathrm{E} x_n r = 0$ の仮定とシュワルツの不等式から
$$|\mathrm{E} xr|^2 = |\mathrm{E} xr - \mathrm{E} x_n r|^2 = |\mathrm{E}(x - x_n)r|^2$$
$$\leq \mathrm{E}(x - x_n)^2 \cdot \mathrm{E} r^2 \to 0 \quad (n \to \infty)$$

【3】 $2\mu = \mathrm{E} x_n$, $\sigma^2 = \mathrm{E}(x_n - 2\mu)^2$ とおくと, 仮定により $\mu < 0$。等式
$$\mathrm{E}\left(\frac{x_0 + \cdots + x_n}{n+1} - 2\mu\right)^2 = \frac{\mathrm{E}((x_0 - 2\mu) + \cdots + (x_n - 2\mu))^2}{(n+1)^2} = \frac{\sigma^2}{n+1}$$
とチェビシェフの不等式から
$$\mathrm{P}\left(\frac{x_0 + \cdots + x_n}{n+1} < \mu\right) \geq \mathrm{P}\left(\mu < \frac{x_0 + \cdots + x_n}{n+1} - 2\mu < -\mu\right)$$
$$> 1 - \frac{\sigma^2}{\mu^2(n+1)}$$
ここで, $(N+1)\mu < \log \varepsilon$ を満たす自然数 N をとると, すべての $n > N$ に対して
$$\mathrm{P}(x_0 + \cdots + x_n < \log \varepsilon) \geq \mathrm{P}\left(\frac{x_0 + \cdots + x_n}{n+1} < \mu\right) > 1 - \frac{\sigma^2}{\mu^2(n+1)}$$
最左辺が $\mathrm{P}(0 < e^{x_0 + \cdots + x_n} < \varepsilon)$ に等しいことに注意すれば, 求める結果を得る。

6章

【1】 二つの数列 $\{t_n \neq a, \ n = 0, 1, \cdots\}$, $\{t_n' \neq a, \ n = 0, 1, \cdots\}$ をとると,

それらをあわせた t_0, t_0', t_1, t_1', … もまた，a に収束する数列となる。これを，あらためて $\{\tau_n \neq a, \; n = 0, \; 1, \; \cdots\}$ と表すことにすると，仮定により $\{x(\tau_n)\}$ も 2 乗平均収束する。$\{x(t_n)\}$ の極限値を b，$\{x(t_n')\}$ の極限値を b'，$\{x(\tau_n)\}$ の極限値を β とすると

$$\sqrt{\mathrm{E}(b - b')^2} = \sqrt{\mathrm{E}(b - x(t_n) + x(t_n) - \beta + \beta - x(t_n') + x(t_n') - b')^2}$$
$$\leq \sqrt{\mathrm{E}(b-x(t_n))^2} + \sqrt{\mathrm{E}(x(t_n) - \beta)^2} + \sqrt{\mathrm{E}(\beta - x(t_n'))^2} + \sqrt{\mathrm{E}(x(t_n') - b')^2}$$

が成り立つ。$n \to \infty$ のとき，右辺第 1 項と第 4 項は定義により 0 に収束し，第 2 項と第 3 項は，$\{x(t_n)\}$ と $\{x(t_n')\}$ がともに $\{x(\tau_n)\}$ の部分列をなすことにより 0 に収束する。よって左辺は 0 でなければならない。

【2】 システムの線形性により，2 次過程 $\tilde{x}^n(\cdot, t_0)$ をつぎのように表すことができる。

$$\tilde{x}^n(t, \; t_0) = z(t, \; t_0) + q^n(t, \; t_0), \quad t \geq t_0$$

ここに，$z(\cdot, t_0)$ は微分方程式

$$\frac{dz(t)}{dt} = Az(t) + Bu(t), \quad z(t_0) = 0$$

の解を表し，$q^n(\cdot, t_0)$ は微分方程式

$$\frac{dq^n(t)}{dt} = Aq^n(t) + Bw^n(t), \quad q^n(t_0) = 0$$

の解を表す。

このとき，まず 6.3 節の議論から，つぎの式が成立する。

$$\mathrm{E}z(t, \; t_0)z(l, \; t_0)^T = \int_{t_0}^{t}\int_{t_0}^{l} e^{A(t-\tau)} BU(\tau - \lambda) B^T e^{A^T(l-\lambda)} d\tau d\lambda$$

つぎに，2 次過程 $q(\cdot, t_0)$ を

$$q(t, \; t_0) = \underset{n \to \infty}{\mathrm{l.i.m.}} q^n(t, \; t_0), \quad t \geq t_0$$

によって定義すれば，6.4 節の議論から，つぎの式が成立する。

$$\mathrm{E}q(t, \; t_0)q(l, \; t_0)^T = \int_{t_0}^{t} e^{A(t-\tau)} BB^T e^{A^T(l-\tau)} d\tau, \quad t \leq l$$

さらに，各 $q^n(\cdot, t_0)$ は $z(\cdot, t_0)$ と無相関であるから，つぎの式が成立する（5 章の演習問題【2】を参照）。

$$\mathrm{E}z(t, \; t_0)q(l, \; t_0)^T = 0, \quad t \geq t_0, \; l \geq t_0$$

これから

$$\tilde{x}(t, \; t_0) = \underset{n \to \infty}{\mathrm{l.i.m.}} \tilde{x}^n(t, \; t_0), \quad t \geq t_0$$

とおけば，まずつぎの等式を得る。

$$\mathrm{E}\tilde{x}(t,\ t_0)\,\tilde{x}(l,\ t_0)^T = \int_{t_0}^{t}\int_{t_0}^{l} e^{A(t-\tau)} BU(\tau-\lambda) B^T e^{A^T(l-\lambda)} d\tau d\lambda$$
$$+ \int_{t_0}^{t} e^{A(t-\tau)} BB^T e^{A^T(l-\tau)} d\tau, \quad t \leqq l$$

つぎに，$z(\,\cdot\,,\ t_0)$ の表現式

$$z(t,\ t_0) = \int_{t_0}^{t} e^{A(t-\tau)} Bu(\tau) d\tau, \quad t \geqq t_0$$

に右から $u(l)^T$ をかけて平均をとり，右辺において積分と平均操作を交換することにより，つぎの等式を得る。

$$\mathrm{E}\tilde{x}(t,\ t_0)u(l)^T = \int_{t_0}^{t} e^{A\tau} BU(\tau-l) d\tau$$

6.3 節と 6.4 節の議論から，極限

$$x(t) = \mathop{\mathrm{l.i.m.}}_{t_0 \to -\infty} \tilde{x}(t,\ t_0)$$

が存在し，各 $t,\ l$ に対して

$$\mathrm{E}x(t)x(l)^T = \lim_{t_0 \to -\infty} \mathrm{E}\tilde{x}(t,\ t_0)\tilde{x}(l,\ t_0)^T,$$
$$\mathrm{E}x(t)u(l)^T = \lim_{t_0 \to -\infty} \mathrm{E}\tilde{x}(t,\ t_0)u(l)^T$$

が成立するので，$\mathrm{E}\tilde{x}(t,\ t_0)\tilde{x}(l,\ t_0)^T$ と $\mathrm{E}\tilde{x}(t,\ t_0)u(l)^T$ に関する上記 2 式について，適当な変数変換を行った後 $t_0 \to -\infty$ とすれば，求める結果に到達する。

【3】 白色雑音を入力とする線形システム

$$\frac{d}{dt}\begin{bmatrix} \tilde{x}(t) \\ z(t) \end{bmatrix} = \begin{bmatrix} A & BH \\ 0 & F \end{bmatrix}\begin{bmatrix} \tilde{x}(t) \\ z(t) \end{bmatrix} + \begin{bmatrix} B & 0 \\ 0 & G \end{bmatrix}\begin{bmatrix} w(t) \\ v(t) \end{bmatrix},$$
$$\tilde{y}(t) = \begin{bmatrix} C & DH \end{bmatrix}\begin{bmatrix} \tilde{x}(t) \\ z(t) \end{bmatrix}$$

の出力 $\tilde{y}$ を考える。ただし

$$\mathrm{E}\begin{bmatrix} w(t) \\ v(t) \end{bmatrix}\begin{bmatrix} w(l)^T & v(l)^T \end{bmatrix} = \begin{bmatrix} I & 0 \\ 0 & I \end{bmatrix}\delta(t-l)$$

とする。$\tilde{u}(t) = Hz(t)$ とおくと，$\tilde{u}$ は，白色雑音 v を入力とする状態方程式

$$\frac{dz(t)}{dt} = Fz(t) + Gv(t), \quad \tilde{u}(t) = Hz(t)$$

によって定義される弱定常 2 次過程であり，$\tilde{u}$ と w はたがいに無相関である。そして $\tilde{y}$ は，$\tilde{u}$ と w を入力とする方程式

$$\frac{d\tilde{x}(t)}{dt} = A\tilde{x}(t) + B(\tilde{u}(t) + w(t)), \quad \tilde{y} = C\tilde{x}(t) + D\tilde{u}(t)$$

によって定義される弱定常2次過程であるともいえる。u と $\tilde{u}$ とはパワースペクトル密度関数 Σ を共有し，したがって自己相関関数を共有するので，y と $\tilde{y}$ とは自己相関関数を共有し共通のパワースペクトル密度関数を持つ（6章の演習問題【2】を参照）。ところで，上の線形システムの $(w^T v^T)^T$ から $\tilde{y}$ への伝達関数は

$$T(s) := [C \quad DH] \begin{bmatrix} sI - A & -BH \\ 0 & sI - F \end{bmatrix}^{-1} \begin{bmatrix} B & 0 \\ 0 & G \end{bmatrix}$$

なので，$\tilde{y}$（したがって y）のパワースペクトル密度は $T(j\omega)T(-j\omega)^T$ と書ける。これから

$$\begin{bmatrix} sI - A & -BH \\ 0 & sI - F \end{bmatrix}^{-1} = \begin{bmatrix} (sI-A)^{-1} & (sI-A)^{-1}BH(sI-F)^{-1} \\ 0 & (sI-F)^{-1} \end{bmatrix}$$

に注意すれば，ただちに $[W(j\omega) + D]\Sigma(\omega)[W(-j\omega) + D]^T + W(j\omega)W(-j\omega)^T$ なる形を導くことができる。

7章

【1】 リカッチ方程式

$$\begin{bmatrix} 0 & 0 \\ 0 & 0 \end{bmatrix} = \begin{bmatrix} 0 \\ \sqrt{3} \end{bmatrix}[0 \quad \sqrt{3}] + \begin{bmatrix} 0 & \theta \\ -\theta & -1 \end{bmatrix}\begin{bmatrix} p_{11} & p_{12} \\ p_{12} & p_{22} \end{bmatrix}$$
$$+ \begin{bmatrix} p_{11} & p_{12} \\ p_{12} & p_{22} \end{bmatrix}\begin{bmatrix} 0 & -\theta \\ \theta & -1 \end{bmatrix} - \begin{bmatrix} p_{11} & p_{12} \\ p_{12} & p_{22} \end{bmatrix}\begin{bmatrix} 0 \\ 1 \end{bmatrix}[0 \quad 1]\begin{bmatrix} p_{11} & p_{12} \\ p_{12} & p_{22} \end{bmatrix}$$

が，単位行列の解

$$\begin{bmatrix} p_{11} & p_{12} \\ p_{12} & p_{22} \end{bmatrix} = \begin{bmatrix} 1 & 0 \\ 0 & 1 \end{bmatrix}$$

を持つことから，つぎのようなカルマンフィルタが得られる。

$$\frac{d}{dt}\begin{bmatrix} \hat{x}_1(t) \\ \hat{x}_2(t) \end{bmatrix} = \begin{bmatrix} 0 & \theta \\ -\theta & -1 \end{bmatrix}\begin{bmatrix} \hat{x}_1(t) \\ \hat{x}_2(t) \end{bmatrix} + \begin{bmatrix} 0 \\ 1 \end{bmatrix}\left[y(t) - [0 \quad 1]\begin{bmatrix} \hat{x}_1(t) \\ \hat{x}_2(t) \end{bmatrix}\right]$$

【2】 はじめに，η が線形状態モデル

$$\frac{dx(t)}{dt} = Ax(t) + Bu(t), \quad \eta(t) = Cx(t)$$

によって生成される場合を考える。ただし

$$\mathrm{E}\begin{bmatrix} u(t) \\ v(t) \end{bmatrix}[u(l)^T \quad v(l)^T] = \begin{bmatrix} I & 0 \\ 0 & I \end{bmatrix}\delta(t-l)$$

とする。このとき，7.5節（および7.1節）の議論から，カルマンフィルタ

$$\frac{d\hat{x}(t)}{dt} = A\hat{x}(t) + K(y(t) - C\hat{x}(t))$$

と,任意の安定な線形フィルタ

$$\frac{dz(t)}{dt} = Fz(t) + Gy(t), \quad \bar{x}(t) = Hz(t)$$

との間に,定常状態において,つぎのような関係がある。

$$\mathrm{E}(x(t) - \hat{x}(t))(x(t) - \hat{x}(t))^T \leq \mathrm{E}(x(t) - \bar{x}(t))(x(t) - \bar{x}(t))^T$$

これから $\bar{\eta}(t) = C\hat{x}(t)$ とおき,

$$\bar{\eta}(t) = Dz(t), \quad D := CH$$

とおけば,つぎの不等式が成り立つ。

$$\mathrm{E}(\eta(t) - \hat{\eta}(t))(\eta(t) - \hat{\eta}(t))^T \leq \mathrm{E}(\eta(t) - \bar{\eta}(t))(\eta(t) - \bar{\eta}(t))^T \tag{1}$$

ここで,行列 C に対する仮定から,上の不等式はまた任意の安定なフィルタ

$$\frac{dz(t)}{dt} = Fz(t) + Gy(t), \quad \bar{\eta}(t) = Dz(t)$$

を対象にしても成立する。特に,$F = A - KC$,$G = K$,$D = C$ を選ぶと,カルマンフィルタとなって等号が成立するのはもちろんである。

つぎに,η が線形状態モデル

$$\frac{dx(t)}{dt} = Ax(t) + Bu(t), \quad \eta(t) = Cx(t)$$

によって生成されるとは限らなくても,不等式 (1) が成り立つことを見る。上の線形フィルタ (D, F, G) の式に $y(t) = \eta(t) + v(t)$ を代入すると

$$\frac{dz(t)}{dt} = Fz(t) + G(\eta(t) + v(t)), \quad \eta(t) - \bar{\eta}(t) = -Dz(t) + \eta(t)$$

となる。このシステムにおいて,出力過程である $\eta - \bar{\eta}$ のパワースペクトル密度関数は,η のパワースペクトル密度関数が与えられると一意に定まる(6章の演習問題【3】を参照)。それを積分して求まるところの $\mathrm{E}(\eta(t) - \bar{\eta}(t))(\eta(t) - \bar{\eta}(t))^T$ もまた一意に定まる。$\mathrm{E}(\eta(t) - \hat{\eta}(t))(\eta(t) - \hat{\eta}(t))^T$ についても同様である。これは,η が線形状態モデルによって生成されるかどうかとは無関係に,不等式 (1) が成立することを意味する。

【3】 被推定信号 x のパワースペクトル密度を

$$\frac{\beta^2}{\omega^2 + \alpha^2} = \frac{\beta}{\alpha + j\omega} \cdot \frac{\beta}{\alpha - j\omega}$$

と分解することにより,状態モデルとして

$$\frac{dx(t)}{dt} = -ax(t) + \beta u(t)$$

を得る。ただし，u はつぎのような白色雑音とする。

$$\mathrm{E}\begin{bmatrix} u(t) \\ v(t) \end{bmatrix}\begin{bmatrix} u(l) & v(l) \end{bmatrix}\begin{bmatrix} 1 & 0 \\ 0 & 1 \end{bmatrix}\delta(t-l)$$

リカッチ方程式

$$0 = \beta^2 - 2aP - \gamma^2 P^2$$

の正定解は

$$P = \frac{-a + \sqrt{a^2 + \beta^2\gamma^2}}{\gamma^2}$$

であるから，つぎのようなカルマンフィルタが求められる（7章の演習問題【2】を参照）。

$$\frac{d\hat{x}(t)}{dt} = -a\hat{x}(t) + \frac{-a + \sqrt{a^2 + \beta^2\gamma^2}}{\gamma}(y(t) - \gamma\hat{x}(t))$$

これを y から $\hat{x}$ への伝達関数として表せば

$$F(s) = \frac{-\left(\dfrac{a}{\gamma}\right) + \sqrt{\left(\dfrac{a}{\gamma}\right)^2 + \beta^2}}{s + \sqrt{a^2 + \beta^2\gamma^2}}$$

となる。

あ と が き

　本書は，コロナ社刊のシステム制御工学シリーズの1冊として，線形システムの状態推定問題を論じたものである。状態推定の理論という本書のタイトルを付けるにあたってわれわれ二人の念頭にあったのは，状態推定の理論の中核となるものはカルマンフィルタであるという認識であった。カルマンフィルタはウィーナーのフィルタ問題に対する「信号の状態モデルを用いた」特殊な解という印象があるが，カルマンとビュシイによってカルマンフィルタが提案された後の理論と応用の広がりに見るように，カルマンフィルタはきわめて普遍性の高い解である。信号の状態モデルに出力誤差に基づく修正入力（イノベーション）を加えるというカルマンフィルタが持つ形式の「発見」は，その後展開された H^∞ フィルタの理論においてはむしろ「前提」へと変貌し，この形式が出発点におかれることとなった。本書では，状態推定の問題を確定論的と確率論的の両方の側面から論じたが，状態推定機構のこの形式を一つのより所にすると，統一的な理解の助けになると思われる。

　議論をいたずらに複雑化することを避けるため，本書では対象を線形時不変系に絞った。それでもなお，カルマンフィルタを論じる際の必要性から，6～7章においては一部時変系を扱わざるを得なかった。ただし，確率的定常状態における推定問題のみ扱う場合には，時変系の議論は不要となる。読者の必要に応じて適宜選択していただきたい。

索　　引

【あ】

安定化状態フィードバック
　　制御　　　　　　　　　　121
安定行列（安定な行列）
　　　　　　　　　　　　　5, 21

【い】

1次連立方程式　　　　　　28
一般化 H^∞ 状態推定問題　47
一般化 H^∞ フィルタ　　　48
イノベーション過程
　　　　　　　　　　110, 117
インパルス応答　　　　　　83
インパルス応答関数　　　　78

【え】

エネルギー　　　　　　　　37
エネルギーゲイン　　　　　38
エネルギー最小化問題　　　41

【お】

応答の形式的表現　　　　　83
オブザーバ　　　　　　　7, 21

【か】

解の表現　　　　　　　　　77
外　乱　　　　　　　　　　17
可観測　　　　　　　　　　13
拡大されたシステム　　　　30
確定システム　　　　　　4, 11
確率的 LQ 問題　　　　　119
確定的 LQ 理論　　　　　114
確定論的な偏り　　　　　　54
確率過程　　　　　　　　5, 68

確率システム　　　　　　4, 5
確率収束　　　　　　　　　58
確率的 LQ 制御問題
　　　　　　　　33, 112, 119
確率変数　　　　　　　　5, 52
可制御　　　　　　　　41, 114
過渡特性　　　　　　　　　33
カルマン・ビュシイのフィ
　　ルタ　　　　　　　　　109
カルマンフィルタ
　　　　　　　　22, 40, 109
観測雑音　　　　　　　　101
観測システム　　　　　4, 101
観測データ　　　　　　　　7

【き】

期待値　　　　　　　　　　52
既　知　　　　　　　　　　6
行列ノルム　　　　　　　　5
極　　　　　　　　　　　　33
許容制御　　　　　　　　122

【け】

結合2次積率　　　　　　　52

【こ】

コーシー・シュワルツの不
　　等式　　　　　　　　　53
コーシー・ブニヤコフス
　　キーの不等式　　　　　53
コーシー列　　　　　　　　59
固有値　　　　　　　　　　5
固有ベクトル　　　　　　　33

【さ】

最小次元オブザーバ　　　　23
最大特異値　　　　　　　　5
最適軌道　　　　　　　　　42
最適初期状態　　　　　　　43
最適制御　　　　　　　　121
最適制御装置　　　　　　124
最適制御入力　　　　　　　42
最適制御問題　　　　　　　41
最適性の条件　　　　　　103
最尤推定器　　　　　　　　44
最尤推定値　　　　　　　　44
最良の推定値　　　　　　　60
最良の線形予測器　　　　117
雑　音　　　　　　　　　　17
　　──に埋もれた信号を
　　　復元する　　　　　102
サブシステム　　　　　　　24
サブベクトル　　　　　　　24
三角不等式　　　　　　　　56
三平方の定理　　　　　　　56

【し】

自己相関関数　　　　　69, 78
システム　　　　　　　　　1
　　──の不規則な振舞い　76
システムパラメータ行列
　　　　　　　　　　20, 37
質量-ばね-ダンパ系　　　　1
弱定常2次過程　　　　　　69
終端条件　　　　　　　　　42
出　力　　　　　　　　　　3
出力ベクトル　　　　　　　11
出力方程式　　　　　　　　4

索引

状態	1, 2, 76
状態推定	1, 13, 20
状態推定器	7, 38
状態推定値	24
状態推定問題	7
状態遷移行列	4, 77
状態フィードバック制御	30
状態不偏推定値	109
状態ベクトル	11
状態方程式	4
状態方程式表現	3
初期状態	4, 11
振動系	18, 35

【す】

推定誤差	7, 20, 104
──のエネルギー	42
推定誤差システム	34
推定誤差分散	8, 102
推定誤差分散行列	23
推定性能	38
推定値	7, 20, 59
推定問題	59
数理モデル	2
スモールゲイン定理	46

【せ】

制御装置	119
整形フィルタ	96
正則変換	23, 32
零点	29
漸近安定性	46
漸近的な状態推定	7
漸近的な状態推定器	21
漸近的な推定値	21
線形システム	3
線形推定問題	60
線形独立	61
線形フィルタ	101
──の状態実現	101
線形予測器	113
全平均パワー	95

【そ】

相関係数	55
相互相関関数	69
相似変換	32

【た】

対称正定解	22

【ち】

チェビシェフの不等式	53
直交	56
直交射影	57
──の定理	57
直交性の条件	60, 104

【て】

定常解	114
定常状態	80
──における推定	115
デルタ関数	81
伝達関数	33, 96

【と】

同一次元オブザーバ	21
特性根	32
特性多項式	32

【な】

内積	55
内積空間	55

【に】

2次確率過程	5, 68
2次確率変数	52
2次積率	52
2乗可積分関数ノルム	37
2乗平均可積分	74
2乗平均収束	58
2乗平均積分	74
2乗平均連続	72
2乗平均導関数	73
2乗平均微係数	72
2乗平均微分可能	72
入力	3
入力ベクトル	11

【の】

ノルム	56

【は】

白色雑音	6, 82
──を入力に持つ線形システム	82
──を含む積分	89
白色でない観測雑音	129
パラメータ誤差	46
パラメータ変動	45
パワースペクトル密度	94

【ひ】

左無限遠点	34
微分積分学の基本公式	75
微分値	15
微分方程式	77
評価関数	42, 120
標本関数	68

【ふ】

不規則に変動する入力	76
複素左平面	34
不確か	6
不偏推定	65
不偏推定値	108
フーリエ変換	94
分離定理	33, 112, 119

【へ】

平均値	52
平均値関数	69, 78
平方完成	39
閉ループシステム	30

【ほ】

ほとんど確実	53

索　引

【み】
未　知　　　　　　　　　　6
未知定数の推定　　　　　126
未知入力オブザーバ　　　27
ミニマックス推定器　　　44

【む】
無相関　　　　　　　　　55

【も】
モデル化誤差　　　　45, 46

【ゆ】
ユークリッドノルム　22, 37

【よ】
予　測　　　　　　　　112

【り】
リカッチ代数方程式　22, 38
リカッチ方程式　　106, 114
離散時間システム　　　　9
リヤプノフ方程式　　92, 94

【れ】
連続時間システム　　　　9

【ろ】
ロエーブの収束判定法　59
ロバスト制御　　　　　48
ロバスト性能　　　　　47
ロバストな状態推定器　46
ロバストな推定器　　　45

【A】
A は安定　　　　　　　93

【H】
H^∞ 状態推定問題　　　38
H^∞ 制御　　　　　　　48
H^∞ ノルム　　　　　　38
H^∞ フィルタ　　　8, 39, 40

【L】
L^2 ノルム　　　　　　37
limit in the mean　　　58

── 著者略歴 ──

内田　健康（うちだ　けんこう）
1971年　早稲田大学理工学部電気工学科卒業
1973年　早稲田大学大学院修士課程修了
1976年　早稲田大学大学院博士課程修了（電気工学専攻）
　　　　工学博士
1976年　早稲田大学専任講師
1978年　早稲田大学助教授
1983年　早稲田大学教授
2019年　早稲田大学名誉教授

山中　一雄（やまなか　かずお）
1974年　早稲田大学理工学部電気工学科卒業
1976年　早稲田大学大学院修士課程修了
1979年　早稲田大学大学院博士課程修了（電気工学専攻）
　　　　工学博士
1979年　茨城大学助手
1988年　茨城大学助教授
1993年　茨城大学教授
2016年　茨城大学名誉教授

状態推定の理論
Theory of State Estimation　　　　　　Ⓒ Kenko Uchida, Kazuo Yamanaka 2004

2004年 6 月18日　初版第 1 刷発行
2020年10月25日　初版第 2 刷発行

検印省略	著　者　内　田　健　康	
	山　中　一　雄	
	発　行　者　株式会社　コ ロ ナ 社	
	代　表　者　牛来真也	
	印　刷　所　壮光舎印刷株式会社	
	製　本　所　株式会社　グ リ ー ン	

112-0011　東京都文京区千石4-46-10
発 行 所　株式会社　コ ロ ナ 社
CORONA PUBLISHING CO., LTD.
Tokyo Japan
振替00140-8-14844・電話(03)3941-3131(代)
ホームページ　https://www.coronasha.co.jp

ISBN 978-4-339-03315-1　C3353　Printed in Japan　　　　　（金）

<出版者著作権管理機構 委託出版物>
本書の無断複製は著作権法上での例外を除き禁じられています。複製される場合は，そのつど事前に，出版者著作権管理機構（電話 03-5244-5088, FAX 03-5244-5089, e-mail: info@jcopy.or.jp）の許諾を得てください。

本書のコピー，スキャン，デジタル化等の無断複製・転載は著作権法上での例外を除き禁じられています。購入者以外の第三者による本書の電子データ化及び電子書籍化は，いかなる場合も認めていません。
落丁・乱丁はお取替えいたします。